この一冊で全部わかる

ネットワークの基本

【第2版】

有限会社インタラクティブリサーチ
福永 勇二 著

JN112060

わかりやすさにこだわった
イラスト図解式

SB Creative

本書に関するお問い合わせ

この度は小社書籍をご購入いただき誠にありがとうございます。小社では本書の内容に関するご質問を受け付けております。本書を読み進めていただきます中でご不明な箇所がございましたらお問い合わせください。なお、ご質問の前に小社 Web サイトで「正誤表」をご確認ください。最新の正誤情報を下記の Web ページに掲載しております。

本書サポートページ　　https://isbn2.sbcr.jp/17677/

上記ページのサポート情報にある「正誤情報」のリンクをクリックしてください。なお、正誤情報がない場合、リンクは用意されていません。

ご質問送付先

ご質問については下記のいずれかの方法をご利用ください。

Web ページより

上記のサポートページ内にある「お問い合わせ」をクリックしていただき、ページ内の「書籍の内容について」をクリックすると、メールフォームが開きます。要綱に従ってご質問をご記入の上、送信してください。

郵送

郵送の場合は下記までお願いいたします。

〒 105-0001
東京都港区虎ノ門 2-2-1
SB クリエイティブ　読者サポート係

はじめに

　オンライン授業やリモートワークなどの普及もあいまって、ネットワークはますます私たちの暮らしに欠かせないものになりました。けれども、そのネットワークがどのように構成され、どのような仕組みで動作しているのかは、案外、知られていないことのように思います。

　この本では、そんなネットワークにスポットを当て、その基礎を学ぶのに必要な知識をわかりやすく取り上げます。具体的には、必ず押さえたいネットワークの常識、中心的な役割を果たす TCP/IP の基礎と仕組み、各種ネットワーク機器の働き、ネットワークアプリの通信手順、悪の手から情報を守るセキュリティ、実運用に役立つ知識やコツなどを身につけていただきます。

　それぞれの説明には具体例や計算方法などをできるだけ盛り込み、その技術がどこで使われているかをイメージしやすくなるよう努めました。そして今回の第2版で紙面をカラーへと一新するにあたり、最新の動向に合わせて情報を更新するとともに、図や表を大幅にブラッシュアップして、よりビジュアルに理解が進むよう工夫してみました。

　ネットワークを「難しい」と感じる理由の1つに、その中身を直接見たり触ったりしづらく、観念の世界をさまよってしまいがちな点が挙げられます。そこで、この本を手にする方にはぜひ、本文中で取り上げる各項目がパソコンなどでどう使われているか、実物を触って確かめながら読み進めることをおすすめします。実物と理論を行ったり来たりして両方のイメージをつないでいけば、ネットワークへの理解はより深まることでしょう。

　この本が、ネットワークを学ぶための情報源として、実務に生かせる手引きとして、あるいは資格取得の参考資料として、皆さんのスキルアップのお役に立つことを心から願っています。

CONTENTS

CONTENTS

Chapter 3　TCP/IP で通信するための仕組み

CONTENTS

Chapter 6 ネットワークのセキュリティ

Chapter 7 **ネットワークの構築と運用**

CONTENTS

ネットワークの
基礎知識

この章では、コンピューターネット
ワークを知る上で避けて通れない、
まさにキホン中のキホンといえる項
目を取り上げます。ネットワークで重
要な概念のほか、これから取り組む
ネットワークの全体像にも触れます。

01 コンピューターとネットワーク

IT から ICT へ

"computer" という英単語が、"compute"（計算する）と "er"（〜する者）で構成されることからわかるように、もともとコンピューターは「計算をするための機械」でした。では、今日私たちが接しているパソコン、スマートフォン、携帯電話などのコンピューター機器はどうでしょうか。メールを読む、SNS を楽しむ、情報を検索する、オンラインゲームをする、ワープロで書類を作る……など、もはや単なる計算とはいえない、様々な用途に使っていることに気付きます。さらにコンピューターの用途の広がりを眺めてみると、以前とは大きな違いがあります。それは、コンピューター機器はそれ単独で動作するのではなく、**その作業の多くで「通信が欠かせない」**ようになっているということです。

同様のことは技術分野を表す言葉の変遷にも見て取れます。いま「IT」という言葉を知らない人は少ないでしょう。これは Information Technology（情報技術）の頭文字から作られた用語で、コンピューターに関連する技術分野を指し示す時に使われます。それと並んで、最近目にする機会が増えてきたのが「ICT」という言葉です。こちらは Information and Communication Technology（情報通信技術）の略で、コンピューターに通信を組み合わせて実現できる技術分野を指します。これらのことは、いまやコンピューターと通信は切っても切れない間柄であることを表しています。

ネットワークとは

コンピューターが持つ計算機能は、コンピューターというハードウェアと、OS やアプリケーションといったソフトウェアにより作り出されています。では、通信機能は、何によって作り出されるのでしょうか？ 答えは「**ネットワーク**」です。日本語で表現すれば「通信網」となります。コンピューターのことを知るには、ハードウェアとソフトウェアのことを知る必要があります。これと同じように、通信のことを知るには、ネットワークのことを知らなければなりません。

本書のテーマは、このネットワークです。

● 通信への注目は言葉の変遷にも表れている

すでに馴染み深い言葉

耳にする機会が増えた言葉

コンピューター
に関する技術
IT

情報技術
Information Technology

コンピューターと通信
がコラボした技術
ICT

情報通信技術
Information and Communication Technology

通信、すなわちネットワークは
いまや欠かせません

● 本書で主に取り扱う範囲

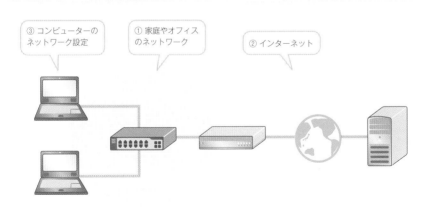

③ コンピューターの
ネットワーク設定

① 家庭やオフィス
のネットワーク

② インターネット

関連
用語　インターネット接続 ▶ P.20

1

ネットワークの基礎知識

イメージでつかもう！

02 ネットワークについて 学ぶ時の心構え

最近はマニュアルどおりにやれば、中身のことを知らなくても、簡単にネットワークが使えるようになりました。個人ならそれでもいいのですが、もし仕事で携わるのならば、その中で何が起きているのかまでしっかり理解しておきたいものです。

▌ どこで何をしているのかを整理して考える

これからネットワークに関する色々な概念や技術の話をしていきますが、突き詰めていえば、**ネットワークの働きは「アプリ同士が何かを行うためにデータをやりとりできるようにしてやること」**です。最終的にやることは至ってシンプルなのです。

難しそうに見える用語は、それを実現するために必要となる、データを配送するためのルールや、使用する機器や通信媒体、サービスごとに決められたデータの形式や手順を言い表しているに過ぎません。

例えば Web を見るのであれば、Web ブラウザと Web サーバーという 2 つのアプリ間でやりとりするデータの形式や順序が決まっていて、それには HTTP またはHTTPS という名前がついています。さらにはそれ以外にも、データを相手まで届けるためのルールがあり、相手を指定するためのアドレスや、データが壊れた時に送り直す手順などが決められています。コンピューターから送り出すデータは、電気信号や光信号になって電線や光ファイバーの中を送られ、途中で色々な機器を経由しながら、その先にあるコンピューターにたどり着きます。

このように、**それぞれを分解し整理して考えることで、複雑に見えるネットワークの話も、なるほど！と納得しながら学んでいける**はずです。

▌ 家庭も企業もネットワークの本質は同じ

家庭のネットワークも企業のネットワークも、**その基本的な仕組みに大きな違いはありません**。企業では日々の管理をきっちりして、常に使えるよう信頼性を高めて、厳しくセキュリティを求めるので、それに足りるパワーアップした機器を使います。そのため何だかすごそうに見えますが、ひるまなくても大丈夫です。ぜひ実物にも触りながら、楽しく学んでいきましょう。

イメージでつかもう！

● 「とりあえず動いた」の次は、ネットワークの中身にチャレンジ

マニュアルどおりにやれば使えるけど、中で何が起きているのか、もっと知りたいな

● アプリ同士でデータのやりとりを可能にするのがネットワークの仕事

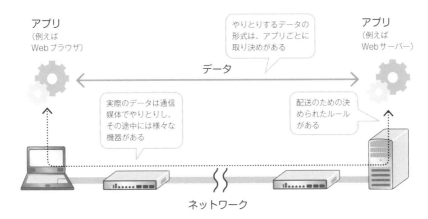

アプリ
（例えば
Webブラウザ）

やりとりするデータの形式は、アプリごとに取り決めがある

アプリ
（例えば
Webサーバー）

データ

実際のデータは通信媒体でやりとりし、その途中には様々な機器がある

配送のための決められたルールがある

ネットワーク

● 基本的な仕組みはどちらも同じ

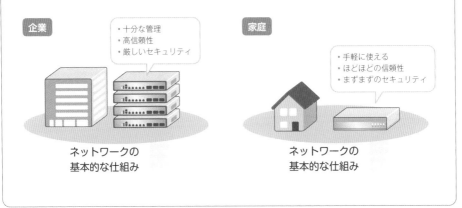

企業
・十分な管理
・高信頼性
・厳しいセキュリティ

家庭
・手軽に使える
・ほどほどの信頼性
・まずまずのセキュリティ

ネットワークの
基本的な仕組み

ネットワークの
基本的な仕組み

関連
用語　HTTP ▶ P.118　HTTPS ▶ P.120　TCP/IP ▶ P.40　アプリケーション層 ▶ P.52　通信プロトコル ▶ P.24

03 LANとWAN

LAN と WAN の違い

　ネットワークの大きな分類を表す言葉に、**LAN**(Local Area Network) と **WAN** (Wide Area Network) があります。**LAN は、オフィスや家庭などの1つの拠点内のネットワークを指します。**LAN のための規格には、以前は色々なものがありましたが、近年はほとんどの環境でイーサネット (4-01 節) が使われています。そのため LAN とイーサネットがほぼ同じ意味に使われることもあります。その他に、LAN ケーブルを使わず電波などで接続する無線 LAN(4-04 節) も使われています。

　一方の **WAN は、拠点と拠点を結ぶためのネットワークを指します。**このような回線はその大部分を通信事業者が所有しているため、通常、通信事業者から回線を借りて使うことになります。また、いわゆるインターネット接続サービスを使用するためにオフィスや家庭に引いた回線のことを WAN と呼ぶこともあります。近年では光回線が普及し、多くの WAN サービスで光回線が使われています。なお、WAN は通信事業者の設備を借りることになるため、設備使用料、あるいは、通信サービス利用料を支払う必要があります。これに対して、LAN は自前の設備であることが多く、このような料金は発生しないのが普通です。

インターネットは WAN なのか？

　インターネットは、インターネットワーキング (1-04 節) によって、世界中のネットワークをつないだ、世界規模の通信ネットワークです。その中では間違いなく、通信事業者の WAN 回線を利用しています。ただ、インターネットという名前は、この世界的に広がるネットワーク全体を指すため、インターネット＝ WAN とはいえません。

　一方、インターネットワーキングのためには、拠点と拠点のネットワークを接続する必要があります。その接続には、先に説明したように、WAN を利用しなければなりません。ですから「インターネットでは WAN を使っているか」という問いならば、答えは YES です。

● LANとWANの関係

1つの拠点内のネットワークをLAN、拠点と拠点を結ぶネットワークをWANと呼びます。

LANは自前で敷設することが多い

別の拠点

多くの場合、WANは通信事業者から借りて使う

● インターネット＝WANではない

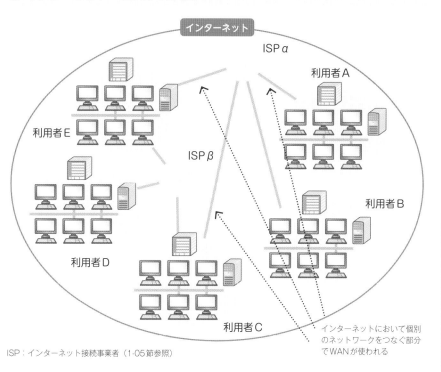

インターネット

ISP α

利用者A

利用者E

ISP β

利用者B

利用者D

利用者C

ISP：インターネット接続事業者（1-05節参照）

インターネットにおいて個別のネットワークをつなぐ部分でWANが使われる

関連
用語
イーサネット ▶ P.98　インターネット接続サービス ▶ P.176　インターネットワーキング ▶ P.18
無線LAN ▶ P.104

04 インターネットワーキングの概念

インターネットワーキングとは

　コンピューターを接続したネットワークがいくつかあって、それらネットワーク同士を接続しあうことを**インターネットワーキング**といいます。また、そうやって作られたネットワークの集合体のことを一般名詞としてインターネットと呼びます。

　インターネットワーキングでは単一の巨大なネットワークを作らず、複数を集合させて大きな接続関係を作ります。そうすることで、不要な通信をネットワーク全体に拡散しない、故障の影響を限られた範囲にとどめられる、各ネットワークはそれぞれ独自の方針に基づいて管理できる、といったメリットが得られます。

インターネットワーキングに必要なもの

　インターネットワーキングを行うには、そのための機能を備えた通信プロトコル（通信手順の取り決め、1-07 節）が必要です。いま最も一般的な TCP/IP ネットワークでは、IP(Internet Protocol、2-04 節) がその機能を受け持っています。

　この IP は、**それぞれのネットワークが別々のネットワークアドレス（ネットワークを識別する番号）を持ち、そのネットワークアドレスを手がかりに、ルーティングと呼ばれる機能により相手のネットワークまで情報を送り届けます**。また、ネットワークに接続する個々のコンピューターには、IP アドレス（2-09 節）と呼ばれる固有の識別情報が割り振られます。

「インターネット」という表現の使い分け

　ところで、インターネットワーキングにより構成するネットワークを指した一般名詞のインターネットと、私たちがふだんメールや Web で利用している固有名詞の「**インターネット**」は、日本語だと非常にまぎらわしいものです。英語では、前者を "an internet" と書き、後者を "Internet" もしくは "the Internet" と書き分けるようで、混乱は少ないといいます。本書では、特に断りのない限り、後者の "the Internet" のことをインターネットと表記します。

プラス1 2016 年ごろから英語の一般文書では、"the Internet"（大文字の I）に代わり "the internet"（小文字の i）とする表記が増えているそうです。

イメージでつかもう！

● 小さなネットワークを接続して大きなネットワークを作る

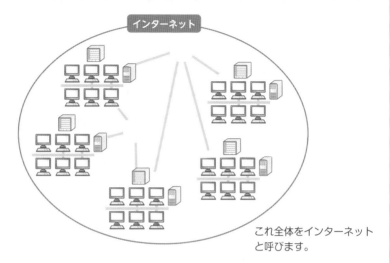

インターネット

これ全体をインターネット
と呼びます。

● インターネットワーキングのメリット

- 不要な通信をネットワーク全体に拡散しない
- 故障の影響を限られた範囲にとどめられる
- 各ネットワークはそれぞれ独自の方針に基づき管理できる　など

● インターネットという呼び名は少々まぎらわしい

インターネットワーキングにより構成するネットワーク。
広義のインターネットとも呼ぶ
"an internet"

世界中がつながっているいわゆる「インターネット」。
狭義のインターネットとも呼ぶ
"the Internet" または "Internet" 近年では "the internet" とも

※特に断りのない限り、本書では下の意味でインターネットと表記します。

日本語では、どちらも
インターネット
です。ちょっとまぎら
わしい…

関連
用語　IP アドレス ▶ P.56　ネットワークアドレス ▶ P.62　ルーティング ▶ P.86

05 インターネット接続を構成する要素

■ オフィスや家庭のエリア

インターネットを利用できるオフィスや家庭のネットワークは、通常、その拠点まで引かれた光回線などを通して、回線の先にあるインターネットとやりとりしています。ここではそのつながりを俯瞰的に見てみましょう。

通信事業者により引かれた光回線は、一般に、**ONU（光終端装置）** と呼ばれる機器を経て、**オフィスや家庭のルーターや各種ネットワーク機器（ファイアウォールなど）につながります。**Webページ用のサーバーなどを公開したい場合には、この先に DMZ と呼ばれる公開サーバー用のエリアを作り、そこに公開サーバーを置きます。

■ アクセス回線のエリア

光回線の先は、アクセス回線を提供する事業者の設備が設置されたセンターにつながります。通常は電話局がそれにあたります。**電話局の先には、アクセス回線事業者の内部ネットワークがあり、そこを通って ISP（Internet Service Provider）との接続点に到達します。**それより先は ISP のネットワークに入っていきます。

■ ISP のエリア

ISP に入ってからは、ISP の内部ネットワーク（もしくは ISP が委託した他社のネットワーク）を経て、インターネットに到達します。**ISP がインターネットにつながっている状態は、ISP 同士が相互に接続しあうことによって作り出されています。**その接続関係は、日本国内だけでなく海外の ISP にも及んでいて、それぞれの利用者が相互に情報をやりとりできるよう管理されています。ISP には、国内外の基幹的な接続網を持った 1 次 ISP のほか、それに接続する 2 次 ISP、さらには 2 次 ISP に接続する 3 次 ISP などがあり、それぞれ利用者を抱えています。なお、インターネットの大元になるデータセンターは米国にあり、そこに直接接続する事業者はティア 1（事業者）と呼ばれ、その数は世界に 10 社程度といわれています。

プラス1　このようにインターネット接続には多くの要素がかかわるので、インターネットに接続できないといった症状が出た時は、まずこのどこに原因があるかを突き止めます。

イメージでつかもう！

● オフィスからインターネットへ（従来からの典型的な構成の例）

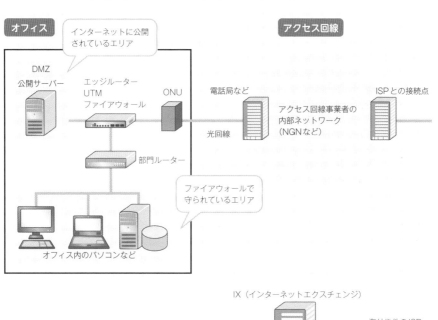

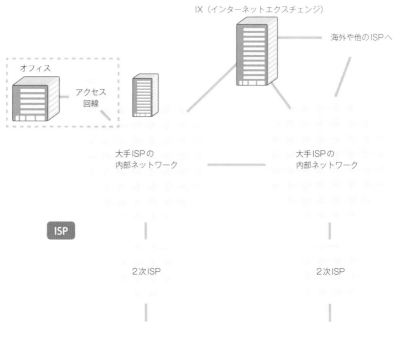

関連
用語　インターネット接続サービス ▶ P.176　公開サーバー ▶ P.178　ルーター ▶ P.70

06 企業ネットワークの構成

▌ WAN の利用

　家庭のネットワークが通常 1 つの拠点内であるのに対し、企業など組織のネットワークは拠点が複数になることが多く、その構成は複雑になりがちです。例えば、本社と数カ所の支店や営業所を接続するといったニーズは数限りなくあるでしょう。

　拠点間を結ぶためには、通信事業者が提供する WAN サービスを利用します。その 1 つとして挙げられるのが**広域イーサネットサービス**です。近年、このサービスが普及することで、手間をかけなくても、指定する拠点同士をイーサネット（4-01 節）で直接結べるようになりました。イーサネットの延長として利用できるため、特別な機器が不要なのも良い点です。またセキュリティも確保されています。ただし、月々の利用料はかなり高価で、誰もが気軽に使えるものではありません。

　安価に拠点間を結びたい場合には、**インターネット VPN**(Virtual Private Network、4-06 節) が使われます。VPN は、土台になる何らかのネットワークの中に、別の仮想的なネットワークを作り出す技術です。インターネット VPN は、土台にインターネットを使い、セキュリティのために暗号化を併用します。そのため、通常のインターネット利用料だけで手軽に利用できるのが大きな魅力です。ただし、セキュリティの強度や通信速度の点では、広域イーサネットサービスにはかないません。

▌ イントラネットとエクストラネット

　イントラネットとは、WWW、電子メール、TCP/IP などのインターネット技術を活用して構築する組織内コンピューターネットワークのことです。各種サーバーやネットワーク機器にインターネットで用いられるものと同じものが使えるため、機器や運用のコストを抑えることができます。

　また**エクストラネット**は、同様にインターネット技術を活用しながら、異なる組織のイントラネット同士を接続して、相互に情報をやりとりできるようにするものです。主に、電子商取引などに用いられます。相手が他社ということで、イントラネットに比べてセキュリティへの配慮が求められます。

プラス1 支店・営業所とインターネットの通信は、セキュリティ維持のため、いったん本社を経由するのが一般的ですが、SD-WAN 技術を利用し、低リスクなクラウドに限り直接やりとりすることも増えています。

企業内で使われるWAN

| 広域イーサネット |
| 通信事業者が提供するVPN |

- 安全性は高い
- 速度は速い
- 料金は高い

| インターネットVPN |

- 安全性はまずまず
- 速度は状況により変わる
- 料金はとても安い

通信事業者の
専用ネットワーク

暗号化必須

インターネット

イントラネットとエクストラネット

イントラネットはインターネット技術を使った組織内ネットワークです。

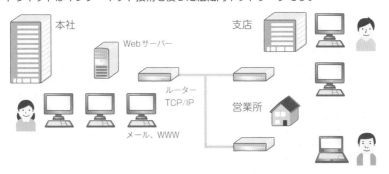

本社

Webサーバー

支店

ルーター
TCP/IP

営業所

メール、WWW

企業のイントラネット同士をつないだものをエクストラネットと呼びます。

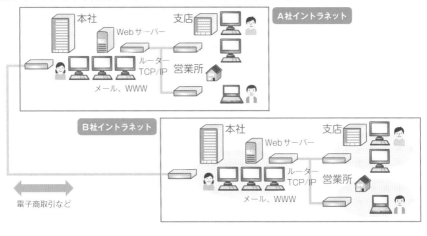

本社

Webサーバー

支店

A社イントラネット

ルーター
TCP/IP

営業所

メール、WWW

B社イントラネット

本社

Webサーバー

支店

ルーター
TCP/IP

営業所

メール、WWW

電子商取引など

07 通信プロトコル

▌ 通信プロトコルとは

　人間同士の会話では、日本語と日本語、英語と英語のように、お互いに使う言語を合わせる必要があります。コンピューター同士の通信においても、相互のコンピューターが同じルールに従って情報を送受信して、はじめて通信が成立します。**相互のコンピューターが従うべきこのルールのことを「通信プロトコル」、あるいは略して「プロトコル」と呼びます。**

　通信プロトコルは、「データ形式」と「通信手順」の2つからなります。データ形式とは、情報をどのような形式で送るかを定めたものです。また、通信手順とは、どのような順序で何をやりとりするかを定めたものです。通信プロトコルにより、コンピューター同士が、どのような順序で、どのような形式で、どのような情報をやりとりするかが規定されます。

　通信の手順を定めるというのは、かなり複雑かつ膨大な作業です。なぜなら、手順の中で起きうる事象の組み合わせは多数あり、それらの多くについて「この場合はこうする」とエラーも想定した振る舞いを取り決める必要があるからです。このような事情から、通常、1つの通信プロトコルで取り扱う範囲はさほど広くありません。たいていの通信処理では、**簡素なプロトコルをいくつか組み合わせて使用します。**

▌ 通信プロトコルの決められ方

　通信プロトコルは、標準化という行程を経て、世界共通の規格として公表されます。コンピューターのOSなど、通信処理を取り扱うソフトウェアを開発する組織や、ハブやルーターなどの通信機器を開発する組織は、この公表された共通規格に基づいて、ソフトウェアやハードウェアを開発します。

　インターネットの世界で使われる通信プロトコルの多くは、**IETF**(Internet Engineering Task Force)と呼ばれる標準化団体が策定し、**RFC**(Request For Comments)と呼ばれる英語文書としてインターネットで公開されています。この文書を読めば、誰でも通信プロトコルの厳密な定義を知ることができます。

● 通信プロトコルで規定するもの

通信プロトコルが規定しているのは「データ形式」と「通信手順」の2つです。

通信プロトコル ── データ形式
　やりとりするデータが
　どのような形式かを定める

── 通信手順
　どのような順序で何を
　やりとりするかを定める

送信先指定の形式は…
データの長さは…
応答の形式は…

HELLO送信

応答あり？

FROM送信　　3秒間待つ

● 通信プロトコルは組み合わせて使うのが一般的

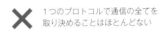 1つのプロトコルで通信の全てを
取り決めることはほとんどない

 いくつかのプロトコルを組み合わせて
通信の全体手順を決めるのが一般的

プロトコルX

プロト
コルD　　プロト
　　　　コルB

プロトコルA　　プロト
　　　　　　　コルE

プロト
コルC

組み合わせて使用する一連のプロトコルをまとめて、
プロトコルスイートと呼ぶことがあります

● 通信分野の代表的な標準化団体

IETF
Internet Engineering
Task Force

主にインターネットに関する技術の標
準化を行う

ITU
International
Telecommunication Union

広く電気通信や無線通信に関する技術
の標準化を行う

3GPP
Third Generation
Partnership Project

主に携帯電話などの移動体通信システ
ムに関する技術の標準化を行う

標準化団体は、これ以外にもたくさんあります。

08 レイヤー

■ レイヤー構造にする理由

通信プロトコルには様々な種類がありますが、「**より共通的な機能**」を下に置き、「**より個別の機能**」を上に置いて、**上の機能が下の機能を利用する形で、階層的に取り決める**のが一般的です。これをわかりやすく料理方法にあてはめて考えてみましょう。

例えば「コンソメスープの作り方」を定めるとします。これに必要な手順のうち、「野菜の刻み方」「肉の切り方」といった素材加工法は他の料理にも使えるものです。そこで、これら素材加工法の手順は下に置き、「コンソメスープの作り方」という具体的な調理法の手順は上に置く、という形で階層化します。そして、コンソメスープを作るにあたり必要な野菜の刻み方や肉の切り方は、下に置いてある手順を参照する、といった決まりにするのです。こうすることで「コンソメスープの作り方」を階層的に定めることができます。この考え方は、**実際に料理を作る時の分業にも適用できます**。肉を切る担当者は、肉の切り方の手順に沿って、それだけを行えばよいわけです。

通信プロトコルの定め方も、これと同様の考え方で行われます。通信に必要な一連の複雑な手順を、関連があるものごとにまとめ、共通的なものや単純なものを下に、個別の機能や複雑な機能を上において、階層的に全体のルールを定めています。この時の各階層のことを「**レイヤー**」あるいは「**層**」と呼びます。

■ レイヤー構造は組み替えを容易にする

レイヤー構造にはさらに別のメリットもあります。それは**階層の境界が設けられることにより、プロトコルの位置づけが明確になり、組み替えがしやすくなる**という点です。先の例のように調理法レイヤーと素材加工法レイヤーが分かれている時に、今度はよせ鍋を作れるようにしたいとします。その場合、「魚のおろし方」の手順を素材加工法レイヤーに加えて、「よせ鍋の作り方」を調理法レイヤーに加えます。それら以外の「野菜の刻み方」と「肉の切り方」は、コンソメスープで使ったものと同じものを使うことができます。このようにルールを使い回せるのは、レイヤーの境界がはっきりしているからです。これは階層化がもたらす大きなメリットの1つです。

イメージでつかもう！

● 実現したいことのルールを上下の階層に分ける

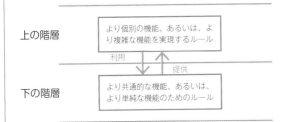

上の階層　　より個別の機能、あるいは、より複雑な機能を実現するルール

利用　　提供

下の階層　　より共通的な機能、あるいは、より単純な機能のためのルール

ルールの各階層を「レイヤー」と呼びます

● レイヤーの考え方を料理にあてはめると

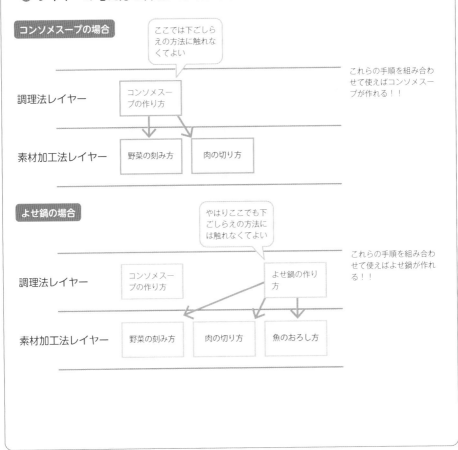

コンソメスープの場合

ここでは下ごしらえの方法に触れなくてよい

調理法レイヤー　　コンソメスープの作り方

これらの手順を組み合わせて使えばコンソメスープが作れる！！

素材加工法レイヤー　　野菜の刻み方　　肉の切り方

よせ鍋の場合

やはりここでも下ごしらえの方法には触れなくてよい

調理法レイヤー　　コンソメスープの作り方　　よせ鍋の作り方

これらの手順を組み合わせて使えばよせ鍋が作れる！！

素材加工法レイヤー　　野菜の刻み方　　肉の切り方　　魚のおろし方

関連
用語　　通信プロトコル ▶ P.24　OSI 参照モデル ▶ P.28　TCP/IP のレイヤー ▶ P.40

09 OSI参照モデル

OSI 参照モデルとは

OSI(Open Systems Interconnection) 参照モデルは、コンピューターネットワークに求められる機能を、7 つの階層を用いて整理したものです。モデルという名称からわかるように、これはとらえかた、あるいは整理の仕方の 1 つであって、これが何かの設計図になるものでもなければ、また、唯一絶対のものでもありません。しかし、通信に求められる機能が上手に整理されているため、通信機能を学んだり設計したりする時に、下敷きにする知識として広く用いられています。

OSI 参照モデルでは、通信システムを構成する要素として、**物理層（レイヤー 1）、データリンク層（レイヤー 2）、ネットワーク層（レイヤー 3）、トランスポート層（レイヤー 4）、セッション層（レイヤー 5）、プレゼンテーション層（レイヤー 6）、アプリケーション層（レイヤー 7）** の 7 つを定義しています。これらが下から順に積み上がり、下位層は上位層に対してより共通的な機能を提供し、また、上位層は下位層の機能を利用して自らの機能を実現する、という考え方を採ります。

例えば、データリンク層は直接つながっているコンピューター同士の通信機能を実現します。その上にあるネットワーク層は、データリンク層が実現する機能（直接つながったコンピューター同士の通信）を呼び出して使い、そこに中継機能などを追加して、ネットワーク層自体は、直接つながっていないコンピューター同士の通信機能を実現します。そして、その上にあるトランスポート層は、ネットワーク層が実現する機能（任意のコンピューター同士の通信）を呼び出して使い、そこに信頼性向上のための再送などの機能を追加して、トランスポート層自体は、通信の用途に応じた特性を実現します。

OSI 参照モデルのように、どのような考え方や構成でネットワークを作り上げるかを定めた基本的な体系のことを「**ネットワークアーキテクチャ**」といいます。代表的なネットワークアーキテクチャとして、OSI 参照モデルの他に、TCP/IP モデル（2-01 節）があります。

プラス 1 ネットワークアーキテクチャの各層ごとの処理プログラムをまとめてセットにしたものを、一般に「プロトコルスタック」と呼びます。例えば「TCP/IP のプロトコルスタック」といった使い方をします。

● OSI参照モデルでは通信機能を7層に整理する

レイヤー7 (L7)	アプリケーション層	…… 具体的な通信サービスを実現する（メール、Webなど）
レイヤー6 (L6)	プレゼンテーション層	…… データの表現形式を相互変換する
レイヤー5 (L5)	セッション層	…… 通信の開始から終了までの手順を実現する
レイヤー4 (L4)	トランスポート層	…… 信頼性の向上など用途に応じた特性を実現する
レイヤー3 (L3)	ネットワーク層	…… 中継などにより任意の機器同士の通信を実現する
レイヤー2 (L2)	データリンク層	…… 直接接続された機器同士の通信を実現する
レイヤー1 (L1)	物理層	…… コネクタ形状やピン数など物理的な接続を定める

層名の代わりに「レイヤー○」や「L○」と呼ぶことがよくあります。
例）「ネットワーク層」の代わりに「レイヤー3」や「L3」

レイヤーを表す数字は、英語で読んでも日本語で読んでも相手に通じるはずです。
例）レイヤーイチ、レイヤーニ、レイヤーワン、レイヤーツー、エルイチ、エルニ、エルワン、エルツー

各層は下位層の機能を使って通信処理を行い、それを上位層に提供します。

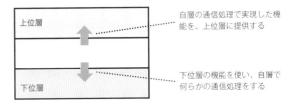

自層の通信処理で実現した機能を、上位層に提供する

下位層の機能を使い、自層で何らかの通信処理をする

● OSI参照モデルとプログラムの関係

例えばOSI参照モデルでの機能の分類を実際のプログラム構造に反映すると……

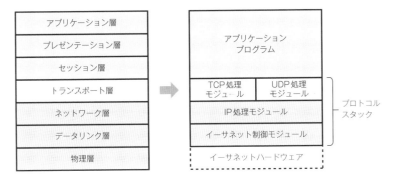

関連用語　TCP/IP モデル ▶ P.42　通信プロトコル ▶ P.24　レイヤー ▶ P.26

10 クライアントサーバーとピアツーピア

通信するコンピューター同士の関係は、その役割分担によって、大きく、クライアントサーバー型とピアツーピア型に分類できます。

■ クライアントサーバー型の特徴

クライアントサーバー型では、コンピューターにサーバーとクライアントの2種類の役割があり、サーバーは機能の多くを提供する「主」、クライアントはサーバーが提供する機能を使う「従」、という関係になります。

クライアントサーバー型では、サーバーに高い処理能力が求められますが、クライアントはさほど高い処理能力を必要としません。そのため、台数が多くなるクライアントに安価なコンピューターを用いることで、システム全体の価格を下げることができます。また、重要な機能の多くをサーバーが提供するため、保守運用の重点をサーバーに置くことができるというメリットもあります。しかし、万一サーバーが故障すると、その影響は大きくなりがちです。また、本社などに設置したサーバーが複数の拠点にサービスを提供する場合は、たとえすぐ隣のコンピューター同士のやりとりであっても、処理は遠隔地のサーバー経由になるなどして、通信量が増えたり反応速度が落ちたりすることがあります。

■ ピアツーピア型の特徴

一方、**ピアツーピア型では、各コンピューターは対等な関係にあり、一般に、固定的な役割を決めません。**

ピアツーピア型は、中心的に機能を提供するコンピューターが存在しないことから、特定のコンピューターの故障が原因でネットワーク機能の大部分が麻痺するといったことは起こりづらくなります。

また、あらかじめ役割分担を決める必要がないため、ネットワークへの参加も手軽に行えます。半面、各コンピューターには一定以上の処理機能が求められるため、個々の処理に負荷がかかるような用途には向きません。多くの場合、処理量が少なくてよい用途に用いられます。

プラス1 スマートフォンとピアツーピア技術を組み合わせて、手軽に使えてサクサク動く新しい通信サービスが色々と模索されています。そのための基盤技術に WebRTC などがあります。

イメージでつかもう！

● クライアントサーバー型の役割分担

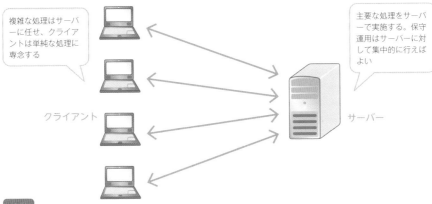

複雑な処理はサーバーに任せ、クライアントは単純な処理に専念する

主要な処理をサーバーで実施する。保守運用はサーバーに対して集中的に行えばよい

クライアント　　　　　　　　　　　　　　　　　サーバー

特徴

- ・台数の多いクライアントに安価なコンピューターを使えるのでコストが安くつく
- ・保守運用の重点をサーバーに置くことができ、クライアントは簡単な保守で済む
- ・サーバーが故障するとシステム全体に大きな影響が出る可能性がある

● ピアツーピア型の役割分担

固定的な主と従の関係を決めず、お互いが対等な立場で、相互に処理を依頼しあう

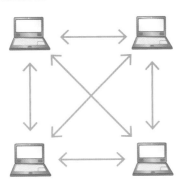

特徴

- ・中心的に機能するコンピューターがないので、1台の故障でシステム全体に大きな影響が出る恐れが少ない
- ・各コンピューターに対して保守を行う必要があるので、保守コストが上がる可能性がある
- ・参加するコンピューターの処理能力は通常それほど高くないため、膨大な処理を要する用途には向かない

関連用語　サーバー ▶ P.174　クライアント ▶ P.174

11 回線交換とパケット交換

■ 利用効率がよいパケット交換

　通信において、あるデータを目的の相手に向けて送り出すことを「交換」といいます。英語では"switching"と表記され、このほうがより直感的かもしれません。この交換を行うにあたって、**回線そのものをつなぎかえる方式を「回線交換」と呼びます。**つないだ回線は誰にもじゃまされず相手との通信だけに使えるというメリットがあります。その半面、やりとりを休んでいる時など、その回線は無駄に占有されている状態になります。

　近年では、この回線交換に代えて「パケット交換」が多く用いられています。**パケット交換では、やりとりしたいデータをパケットと呼ばれる小さなサイズのデータに小分けし、**パケットに示された宛先に沿って振り分けることで、相手に一連のデータを送り届けます。パケット交換では回線の無駄な占有などが生じないため、通信の効率を高めることができます。

■ パケットはデータを小分けにしたもの

　一般に**パケットは、データを一定サイズに小分けし、その前にヘッダを付加した形をとります。**ヘッダには、それを届ける宛先や送信元の情報、含まれているデータに関する情報などが指定されます。パケットの具体的な形式は、プロトコルごとにデータ形式として定義されます。

　なお、ネットワークインタフェースの規格の1つであるイーサネットでは、同じようにデータを小分けしたものを**フレーム**と呼びます。ただし、単に呼び方が違うだけで考え方は変わりません。通常、ハードウェアと密接な関係にあるものをフレーム、ソフトウェアでの処理が中心となるものをパケットと呼ぶことが多いようです。また、これらは総称して **PDU**(Protocol Data Unit) とも呼ばれます。

　プラス1　パケット交換は転送する仕組みを共用するため、空いている時は早く到着し、混んでいる時は多少時間がかかる、といったことが起きます。回線交換はこれが起きません。

イメージでつかもう！

● 回線交換のイメージ

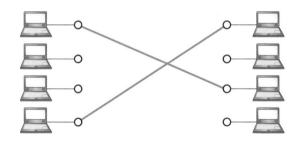

相手との間に物理的な回線をつなぎデータをやりとりします。その回線は占有された状態になるため、やりとりを休んでいる時は回線が無駄に遊んでいることになります。

● パケット交換のイメージ

宛先に沿ってパケットを振り分けることでデータをやりとりします。回線などの占有をしないため、やりとりを休んでいても無駄が生じることはありません。

パケットとは？

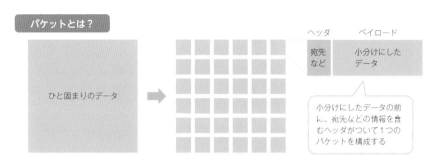

ヘッダ　　　　ペイロード

| 宛先 など | 小分けにした データ |

小分けにしたデータの前に、宛先などの情報を含むヘッダがついて1つのパケットを構成する

ひと固まりのデータ

パケットは、ひと固まりのデータを小分けして、小さなサイズに分割したものです。

12 二進数

ネットワークで扱う数は十進数だけではない

ふだん私たちは、数の表記に 0 ～ 9 の数字を使い、9 を超えたら桁を 1 つ増やす**十進法**というルールに沿った十進数で数を表しています。しかし、コンピューターやネットワークの世界では、違う数の表し方も使います。その 1 つが**二進法**です。

二進法でも、1 桁で表せない数は桁を増やして表すというルールに変わりはありません。ただし、**使用する数字が 0 と 1 の 2 つに限られます**。ですから、十進数の 0 は二進数でも「0」、1 は「1」ですが、その次の 2 は 1 つ繰り上がって「10」となります。ややこしく感じるかもしれませんが、コンピューターの内部では電流や電圧の有無で情報を表すため、二進数のほうが相性がいいのです。

次の第 2 章で、ネットワークにつながれたコンピューターを識別する「IP アドレス」というものが登場しますが、これは 0 ～ 255 の数値を 4 つ組み合わせて表します。十進数だと 255 は中途半端に感じますが、二進数ではちょうど 8 桁の「11111111」になるので、キリのいい数値です。このように二進法を理解しておくと、コンピューターやネットワークの不可解なところが納得できるようになります。

二進数の書き方、読み方

「10」と書いてある時、それが十進数の 10 を意味するのか、二進数の 10（つまり十進数の 2）を意味するのか見分けがつきません。もし十進数と二進数の両方が使われる可能性がある場合は、何らかの方法で区別する必要があります。

その数が二進法で表されていることを示す方法はいくつかあります。最終的に区別できればいいので、どの表記法を使っても構わないのですが、本書で二進法であることを明示する必要がある場合は、最後に b をつける表記を使用することにします。

二進法で表した数を読む時、「1」は「イチ」、「0」は「ゼロ」と読みます。ここまでは十進法と同じですが、桁数が増えた時の読み方が少し変わります。2 桁以上の数の場合は、各桁の「1」「0」をそのまま続けて読みます。例えば「1001」なら「イチゼロゼロイチ」と読むことになります。

プラス1 二進数から十進数への変換は、各桁の値に「重み」を乗じ合計します。重み（2 の n 乗）は右桁から、1、2、4、8、16、32、64、128 となります。1101b なら 8 × 1 + 4 × 1 + 2 × 0 + 1 × 1 = 13 です。

● ネットワークに関する情報は二進数で書き表すことがある

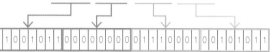

十進数での表記

二進数での表記

● 二進法での数の表し方

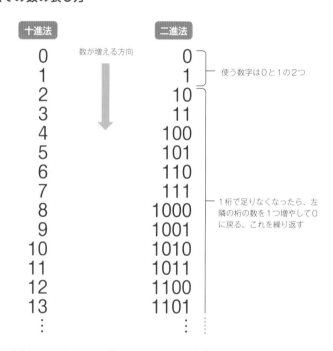

● 二進数であることを明示する方法

① 10b　　　最後にbをつける。bは"binary"(2進法)の頭文字
② (10)₂　　全体をカッコで囲って最後に小さく2と書く
③ 0b10　　頭に0bをつける

※本書では、二進数であることを明示する必要がある時に①の表記を用います。

---

13 十六進数

▐▌ 二進数以上によく使われる十六進数

コンピューターの世界では**十六進法**により表された十六進数もよく使われます。**十六進法では、数の表記に 0 ～ 9 の数字と A ～ F の文字を使います。**これら 16 文字を使って 1 桁で 0 ～ 15 までを表します。また 16 になると桁が繰り上がります。

十六進数は本質的にコンピューターの仕組みにかかわるというより、二進数を簡単に扱うための道具のような存在です。というのも、二進数は 1 桁で表せる数が少ないため、どうしても値の表記が長くなってしまいます。コンピューター内部での処理には、それで全く問題ありませんが、人間が読み書きなどで取り扱うには少々不便です。かといって、二進数と見た目の関連性がほとんどない十進数に置き換えるわけにもいきません。

そこで登場するのが十六進数です。**十六進数の 1 桁は、単純に二進数の 4 桁分に対応します。**そのため、二進数だと長たらしくなる数を、ぐっと縮めて書き表すことができます。二進数から十六進数に変換するには、二進数の下の桁から 4 桁ずつ切り出し、二進数と十六進数の対応表（右図を参照）に従って置き換えます。十六進数から二進数に変換したい場合は、これと逆の手順を行います。

▐▌ 十六進数の書き方と読み方

二進数や十六進数を使うケースでは、あらかじめ全体の桁数が決まっていて、値を持たない上位の桁を明示的に 0 と書くことがよくあります。例えば、十進数で 9 の値を、十六進数では 09、二進数では 00001001 と書く、といった具合です。

ある数が十六進法で表されていることを示す方法にはいくつかあり、本書では十六進数であることを明示したい時は、最後に h をつける記法を使います。

なお、十六進数で表した数を読む時は、二進数と同様に、各桁をそのまま読むのが一般的です。例えば「A73F」なら「エーナナサンエフ」と読みます。慣れてくると、これを頭の中で二進数「1010011100111111」にすぐ変換できるようになります。

プラス1 十六進数から十進数への変換は、各桁の値に「重み」を乗じ合計します。重み（16 の n 乗）は右桁から、1、16、256、4096 となります。789A なら 4096 × 7 + 256 × 8 + 16 × 9 + 10 = 30874 です。

● ネットワークに関する情報は十六進数で書き表すことがある

MACアドレスの場合

このアルファベットは
十六進法で数を表している

11-22-AA-BB-CC-DD

MACアドレスはネットワーク機器に
割り振られている識別番号のこと

● 十六進法での数の表し方

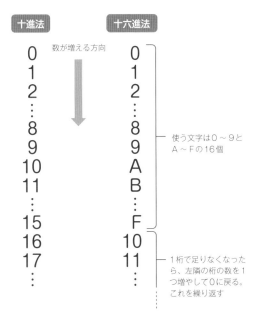

| 十進法 | 十六進法 |

数が増える方向

使う文字は0〜9と
A〜Fの16個

1桁で足りなくなった
ら、左隣の桁の数を1
つ増やして0に戻る。
これを繰り返す

十進数と二進数と十六進数の対応

十進数	二進数	十六進数
0	0000	0
1	0001	1
2	0010	2
3	0011	3
4	0100	4
5	0101	5
6	0110	6
7	0111	7
8	1000	8
9	1001	9
10	1010	A
11	1011	B
12	1100	C
13	1101	D
14	1110	E
15	1111	F

● 十六進数であることを明示する方法

① 10h   最後にhをつける。hは "hexadecimal"（十六進法）の頭文字
② (10)₁₆   全体をカッコで囲って最後に小さく16と書く
③ 0x10   頭に0xをつける

※本書では、十六進数であることを明示する必要がある時に①の表記を用います。

関連
用語   MAC アドレス ▶ P.78 　二進数 ▶ P.34

様々なネットワーク技術と
それが使われる場所

　「ネットワークはいろんな略語が出てきてわかりにくい」と感じた時、それ
ぞれの技術がどのあたりで働いているか、ざっと整理してみることをおすすめ
します。これはちょうど、聞き慣れない名前がたくさん出てくる海外ドラマを
見る時に、登場人物の名前と関係を整理しておくと、ストーリーがグンとわか
りやすくなるのに似ています。次の図は本書で登場するプロトコルや技術が、
オフィス内ネットワークのどのあたりで使われているかを示したものです。頭
の整理に活用してください。

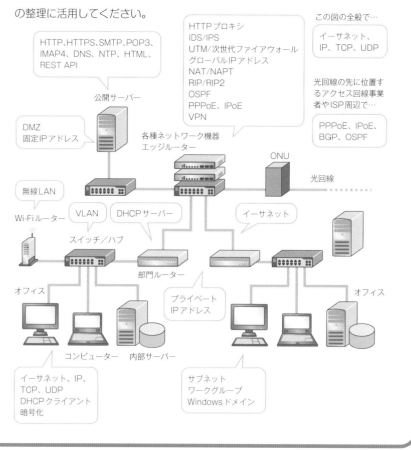

TCP/IPの基礎知識

この章ではネットワークで中心的な
役割を果たす TCP/IP について、
その仕組み、各部の働き、要素技
術の概要、用いられる機器の位置づ
けと機能などを取り上げます。技術
的な話にも踏み込んでいきます。

01　TCP/IPのレイヤー構成

■ TCP/IP のレイヤー構成

　TCP/IP は、インターネットをはじめとするコンピューターネットワークで広く用いられる通信プロトコルです。TCP/IP とひと言で呼ばれますが、実際には **TCP**（Transmission Control Protocol）と 呼 ば れ る プ ロ ト コ ル と、**IP**（Internet Protocol）と呼ばれるプロトコルのセットです。

　TCP/IP では 4 つの階層によってその機能を実現するという考え方が採用されています。各層は、下から、ネットワークインタフェース層、インターネット層、トランスポート層、アプリケーション層と呼ばれます。上下の層同士は「下の層が実現した機能を上の層が利用する」という関係にあります。

■ 各層の働きと対応する主なプロトコル

　ネットワークインタフェース層は、直接つながった相手と通信する機能を実現します。ここには物理的な装置も含まれ、具体的には、イーサネットに準拠するネットワークカードなどが、この層の機能を実現します。

　インターネット層は、ネットワークインタフェース層の機能を基に、中継などの機能をつけ加えて、直接つながっていない相手、つまり他のネットワーク内の相手と通信する機能を実現します。具体的なプロトコルとしては、TCP/IP を構成する主要プロトコルの 1 つである IP が挙げられます。

　トランスポート層は、インターネット層で実現した通信機能を使って、目的に応じた通信制御を行います。具体的なプロトコルには、TCP や UDP などがあります。**TCP** はデータの確認や再送などを行って信頼性の高い通信を実現するプロトコルです。一方の **UDP** は、通信処理を軽く抑えることで、リアルタイム性の高い通信を実現します。

　最上部に位置する**アプリケーション層**では、個別のアプリケーションの機能を実現します。具体的には、HTTP、SMTP、POP3、IMAP4 など、各アプリケーションのためのプロトコルが該当します。これらのプロトコルは、下位のトランスポート層が提供する通信機能を使用して、それぞれに必要な機能を実現します。

● TCP/IP という名前の由来

TCP/IP ─ ┌ TCP（Transmission Control Protocol）

└ IP（Internet Protocol）

TCP/IPという名前は一緒に用いることの多い2つのプロトコル名に由来します

● TCP/IP のレイヤー構成

TCP/IPは4つのレイヤーで構成され、それぞれに色々なプロトコルが決められています。

アプリケーション層	…… 具体的な通信サービスを実現する（メール、Webなど）— HTTP、SMTP、POP3 など多数
トランスポート層	…… 高信頼性など目的に応じた通信品質を実現する — TCP、UDP など
インターネット層	…… 中継などにより任意の機器同士の通信を実現する — IP、ICMP など
ネットワークインタフェース層	…… 直接接続された機器同士の通信を実現する — イーサネット、ARP/RARP など

● 用途に応じて各層のプロトコルを組み合わせて使う

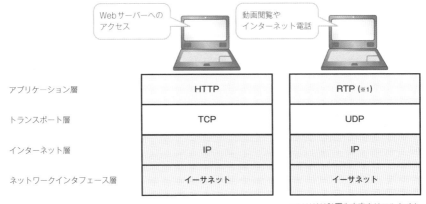

Webサーバーへのアクセス

動画閲覧やインターネット電話

	アプリケーション層	トランスポート層	インターネット層	ネットワークインタフェース層
	HTTP	TCP	IP	イーサネット
	RTP（※1）	UDP	IP	イーサネット

※1 RTPは動画や音声をリアルタイムに取り扱うとき使われるプロトコル

例えば、Webサーバーへのアクセスのようにデータの誤りや抜けが発生すると困る用途では、トランスポート層に信頼性の高さが特長のTCPを使います。また動画配信やインターネット電話のように反応のよさが大切な用途では、トランスポート層にリアルタイム性の高さが特長のUDPを使います。

02　OSI参照モデルとの対応

TCP/IP モデルと OSI 参照モデルの生い立ち

　ここでは、通信の機能を 4 層でとらえる TCP/IP モデルと、7 層でとらえる OSI 参照モデル（1-09 節参照）の対応を考えてみましょう。TCP/IP モデルは Unix と呼ばれる OS の持つ通信機能が基になっています。一方、OSI 参照モデルは、1982 年ごろからネットワークアーキテクチャ（ネットワークの基本的な方式）の統一を目指して作られた標準規格である OSI（Open Systems Interconnection：開放型システム間相互接続）のために定義されました。ちなみに、標準規格としての OSI はその内容があまりに複雑すぎるため普及しなかったのですが、そこで用いられた OSI 参照モデルはいまも広く使われているという関係になっています。

各層の対応関係

　OSI 参照モデルと TCP/IP モデルは、厳密に 1 対 1 に対応づけられているわけではなく、人によって層分けの解釈が異なることもあります。ただし、機能のまとめ方や階層構造はよく似ているので、一般的には次のように対応づけられています。

　TCP/IP のネットワークインタフェース層に対応するのは、**OSI 参照モデルでの物理層とデータリンク層**です。物理層はコネクタ形状やピン配置を定め、データリンク層は直接接続された相手との通信を実現します。

　TCP/IP のインターネット層に対応するのは、**OSI 参照モデルのネットワーク層**です。ネットワーク層は、中継などの機能を持ち、それによって直接つながっていない相手と通信する機能を実現します。また、**トランスポート層はどちらのモデルでも名前と機能が同一**で、より高度な通信制御を提供します。

　TCP/IP のアプリケーション層は、**OSI 参照モデルのセッション層、プレゼンテーション層、アプリケーション層**の 3 層に相当します。セッション層は接続などの管理を、プレゼンテーション層は文字コード（5-14 節）など表現形式の変換などを、アプリケーション層は個別アプリケーションの機能を実現する部分です。

● OSI 参照モデルと TCP/IP モデルの比較

OSI 参照モデルは TCP/IP モデルと同様にネットワークアーキテクチャの1つです。

種類	モデルの形	制定者	各プロトコルの普及度
OSI 参照モデル	7層モデル	標準化団体 (ISO、ITU)	複雑すぎて普及せず
TCP/IP モデル	4層モデル	研究機関 (スタンフォード大など)	シンプルさから広く普及

● OSI 参照モデルはネットワークアーキテクチャを統一する目的で作られた

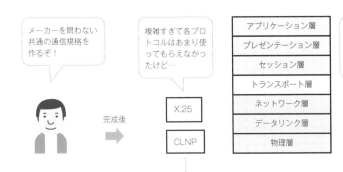

メーカーを問わない
共通の通信規格を
作るぞ！

複雑すぎて各プロ
トコルはあまり使
ってもらえなかっ
たけど…

完成後

X.25

CLNP

参照モデルはネットワ
ーク機能の分析、設計、
学習などに、広く使っ
てもらってます！

| アプリケーション層 |
| プレゼンテーション層 |
| セッション層 |
| トランスポート層 |
| ネットワーク層 |
| データリンク層 |
| 物理層 |

● 各層の対応関係

OSI参照モデル

| アプリケーション層 |
| プレゼンテーション層 |
| セッション層 |
| トランスポート層 |
| ネットワーク層 |
| データリンク層 |
| 物理層 |

TCP/IPモデル

| アプリケーション層 |
| トランスポート層 |
| インターネット層 |
| ネットワークインタフェース層 |

TCP/IP モデルは OSI
参照モデルに準拠して
作られたものではない
ので、完全に1対1で
対応するわけではあり
ません。

OSI 参照モデル ▶ P.28　TCP/IP ▶ P.40　ネットワークアーキテクチャ ▶ P.28　文字コード ▶ P.142

03 ネットワークインタフェース層の役割

■ ネットワークインタフェース層の役割

TCP/IP モデルでの最下部に位置する**ネットワークインタフェース層**は、**ネットワークのハードウェアで直接つながっているコンピューター同士が、相互に通信できるようにするための機能を実現します。**

この層が受け持つのは、あくまで、直接つながっているコンピューター同士の通信であって、直接つながっていないコンピューター同士が中継によって通信できるようになる「インターネットワーキング」の機能は持っていません。言い方を変えるなら、原始的でシンプルな最低限の通信機能をもたらす層、ということができます。

■ ネットワークインタフェース層の主なプロトコル

この層を構成する代表的なプロトコルが**イーサネット**（Ethernet）で、現在、一般に販売されているパソコンの有線 LAN は、ほぼ全てがこのイーサネットを使用しています。また、無線を使って LAN の機能を果たす Wi-Fi もこの層の機能です。
PPPoE(PPP over Ethernet) は、イーサネットを使って 1 対 1 の接続を作り出すプロトコルで、その認証機能がインターネット接続サービスの利用者認証に多く使われてきました。

この層を構成するネットワークのハードウェアは、通常、ハードウェアごとに固有のアドレス（それを識別できる情報）を持っています。イーサネットや Wi-Fi であれば **MAC アドレス**（3-01 節）が相当し、これはハードウェアアドレスとも呼ばれます。この MAC アドレスと、上位層で使われる IP アドレスを対応づける仕組みもまた、（分類の仕方によりますが）このネットワークインタフェース層の機能と見ることができます。具体的なプロトコルには、IP アドレスから MAC アドレスを得る **ARP** と、その逆を行う **RARP** があります。

なお、TCP/IP モデルのネットワークインタフェース層には、OSI 参照モデルの物理層の働きが含まれています。物理層では、コネクタの形状やピン配置などが主に規定されています。

プラス1 現在のような常時接続が普及する以前、インターネットを利用する際は、モデムという機器で ISP のアクセスポイントに電話をかけて接続していました。その接続に PPP が用いられていました。

● 同じネットワークにつながる機器との通信を実現する

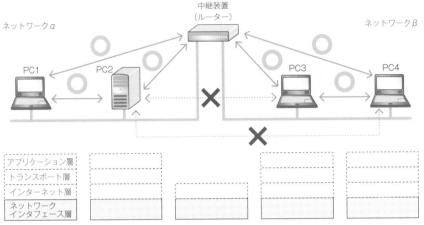

もし、各機器がネットワークインタフェース層の機能しか持っていないとしたら、同じネットワークにつながっている機器同士だけが通信できます。

● ネットワークインタフェース層は最も下に位置する

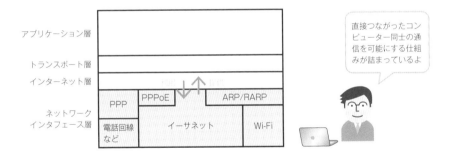

直接つながったコンピューター同士の通信を可能にする仕組みが詰まっているよ

● ネットワークインタフェース層の主なプロトコル

IEEE 802.3※1	有線LANで最も主流なネットワークの規格
IEEE 802.11※2	無線を使いLANに接続するための規格
PPPoE	イーサネットの上で1対1の接続を行うプロトコル。主にインターネット接続サービスの利用者認証に使われる
PPP	PPPoEの基になったプロトコル。電話回線を使った接続のために、昔はよく使われていた
ARP/RARP	IPアドレスとMACアドレスを相互に変換するためのプロトコル。通常、イーサネットやWi-Fiの上で使われる

※1　いわゆるイーサネット
※2　いわゆるWi-Fi

ARP ▶ P.80　MACアドレス ▶ P.78　イーサネット ▶ P.98　無線LAN ▶ P.104

04 インターネット層の役割

インターネット層の役割

インターネット層は、インターネットワーキング、つまり、複数のネットワークをつないで、相互にパケットをやりとりする機能を実現します。下位にあるネットワークインタフェース層は、直接つながったコンピューター同士の通信機能を提供しますが、その範囲を超えて通信する機能はありません。インターネット層が加わることで、直接つながっていないコンピューター同士でも、相互に通信ができるようになります。

この層で大きな役割を果たすのがパケットの中継機能です。パケットを中継し、所定の方向に転送することを、ルーティングと呼びます。このルーティングが行われることにより、ネットワークインタフェース層だけでは届けることができない、任意の相手に、データを届けることが可能になります。

インターネット層でもう1つ重要なのが、接続するコンピューターを識別するためのアドレスを付与することです。このアドレスは、ネットワークインタフェース層のプロトコルに何が使われていても大丈夫なように、ハードウェアアドレス（MACアドレスなど）とは無関係で、かつ、接続するネットワーク全体でコンピューターを1つ1つ識別できるものでなければなりません。

インターネット層の主なプロトコル

インターネット層の代表的なプロトコルが IP(Internet Protocol) です。IP は、いくつかのコンピューターが物理的につながって作られた各々の「ネットワーク」の間で、必要に応じて、パケットのルーティングを行います。

IP では、ネットワーク全般にわたってコンピューターを1つ1つ識別するためのアドレスとして、IP アドレス（2-09 節）を用います。IP アドレスは重複が許されないため、インターネットワーキングに参加するネットワーク全体で1つのルールに従いながら、重複なく効率的に割り当てられる必要があります。なお IP には、従来から広く使われている IPv4 (IP version 4) と、徐々に普及が進んでいる IPv6 (IP version 6) があります。本書では、単に IP と表記した場合は IPv4 を指します。

● 違うネットワークにつながる機器との通信を可能にする

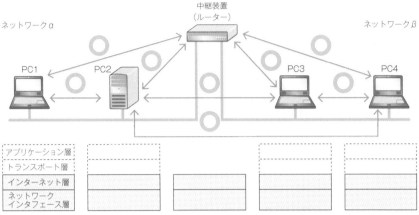

もし、各機器がネットワークインタフェース層とインターネット層の機能を持っていたら、違うネットワークにつながっている機器同士でも、ルーターの中継機能によって通信できます。

● インターネット層はネットワークインタフェース層の上に位置する

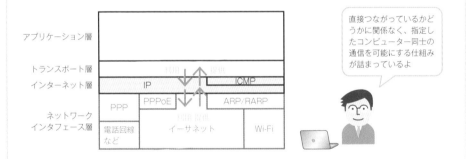

● インターネット層の主なプロトコル

IP	直接つながっていないネットワーク間で、パケットをルーティングする機能を提供するプロトコル。この働きにより、直接つながっているかどうかを問わず、任意のコンピューターと通信ができる
ICMP	IPの働きを補助するための特殊な機能を持つプロトコル。指定した相手に到達できるかの検査、到達できない場合の理由の通知などに使われる

関連用語　ICMP ▶ P.96　IPv6 ▶ P.72　IP アドレス ▶ P.56　MAC アドレス ▶ P.78　ルーティング ▶ P.86

05　トランスポート層の役割

▌ トランスポート層の役割

　トランスポート層は、インターネット層が作り出す任意のコンピューター同士の通信機能をベースにして、ネットワークの使用目的に応じた特性を持つ通信を実現します。具体的には、より信頼性が高い通信を可能にしたり、信頼性は低くても素早くパケットを送れるようにしたりします。

▌ トランスポート層の主なプロトコル

　トランスポート層の代表的なプロトコルの1つが **TCP**(Transimission Control Protocol) です。TCP は信頼性の高い通信を実現するプロトコルです。次の 2-06 節で詳しく説明しますが、通信を始めるにあたって、**まず相手との間で「接続」を作ります。そして通信が終わる時に接続を切ります。**この接続を使って通信する間、受信したパケットに誤りが見つかったり、一部のパケットが消えてしまったり、逆に重複してパケットが届いたり、あるいはパケットの順序が入れ替わったりすると、その不具合を解決するためのアクションを行います。これには、例えば通信相手に再送を依頼する、重複するデータを削除する、パケットの順序を入れ替えるなどの動作があります。

　トランスポート層でよく使われるもう1つのプロトコルが **UDP**(User Datagram Protocol) です。UDP は、**通信の信頼性を高めることは一切しませんが、すぐに使えるレスポンスのよい通信機能を提供します。**UDP では TCP のような接続を作らず、事前準備なしですぐに通信を始めます。また再送や入れ替えをしないため、ネットワークから届いたパケットはすぐにアプリケーションに引き渡されます。

　TCP と UDP は目的によって使い分けます。TCP が実現する信頼性の高さは大部分の通信で有用なため、Web のための HTTP、メール送受信のための SMTP など、インターネットアプリケーションで幅広く用いられています。一方の UDP は、送出したパケットが速やかに届くという特性を生かして、音声や動画のストリーミング、インターネット電話、時刻合わせなどに使われます。また、事前の接続が不要なことから、DNS などのサーバーへ頻繁に問い合わせが届くような用途にも用いられます。

高い信頼性などの付加価値を持たせる

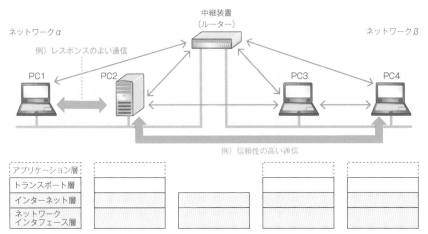

中継装置
（ルーター）

ネットワークα

例）レスポンスのよい通信

ネットワークβ

PC1   PC2   PC3   PC4

例）信頼性の高い通信

| アプリケーション層 |
| トランスポート層 |
| インターネット層 |
| ネットワーク
インタフェース層 |

もし、各機器がネットワークインタフェース層とインターネット層とトランスポート層の機能を持っていたら、任意の機器との間で、信頼性を高めるなどの付加価値を持たせた通信機能を利用できます。

トランスポート層はインターネット層の上に位置する

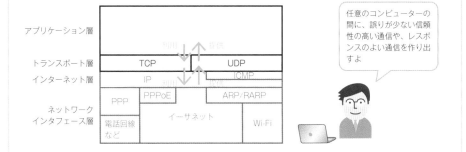

アプリケーション層

トランスポート層

インターネット層

ネットワーク
インタフェース層

利用	提供
TCP	UDP
IP	ICMP

| PPP | PPPoE | ARP/RARP |
| 電話回線
など | イーサネット | Wi-Fi |

任意のコンピューターの間に、誤りが少ない信頼性の高い通信や、レスポンスのよい通信を作り出すよ

トランスポート層の主なプロトコル

TCP	任意のコンピューター同士が行う通信に、信頼性の高さをつけ加えるプロトコル。最初に接続を作り、通信を終えたら接続を切る。再送や順序の入れ替えをするので、リアルタイム性には欠ける
UDP	インターネット層の機能をほぼそのまま使い、レスポンスのよい通信を実現するプロトコル。必要な時にすぐ相手にデータを送れ、到着したデータはすぐアプリケーションに届く

関連
用語　DNS ▶ P.130　HTTP ▶ P.118　NTP ▶ P.132　SMTP ▶ P.122　TCP ▶ P.50

2

TCP/IP の基礎知識

06 信頼性を実現する TCPの通信手順

■ TCP がやっていること

　トランスポート層プロトコルの **TCP が信頼性の高い通信を実現する**ことを 2-05 節で説明しました。ここでは TCP が行っていることをもう少し詳しく見てみます。

　TCP は信頼性の高い通信を実現するために、右ページの図で示す 6 つの処理を行っています。このうち (3) に示す相手が受け取ったことの確認を、少量のデータごとにいちいち行っていると、特に通信の遅延（2-18 節参照）が大きい相手（例：衛星通信経由など）に対して、通信効率が非常に悪くなります。そのため TCP では、**相手の応答があろうとなかろうと、一定範囲までは勝手にデータを送るという方法を採用し、信頼性を高めつつ、効率のよい通信を実現**しています。なお、これらの信頼性を高める機能の多くは、**スライディングウィンドウ**と呼ばれる考え方によって実現されます。これは枠を移動させるイメージで、送受信の進み具合、欠落したパケットの再送、パケットの順序の入れ替わりなどを管理するものです。

■ TCP の通信手順

　TCP では、通信を始める前に接続を行い、その後、通信が行えるようになります。また、通信を終了する時に切断を行います。

　接続には、**3 ウェイハンドシェイク**と呼ばれる方法が採られます。接続したい側が相手に SYN パケット（SYN フラグを 1 にした特殊な TCP パケット）を送ると、それを受信した相手は SYN+ACK パケット（SYN フラグと ACK フラグを 1 にした特殊な TCP パケット）を返してきます。それを受信したら ACK パケット（ACK フラグを 1 にした特殊な TCP パケット）を送り、これが正常に行われれば接続が出来上がったとみなします。これらのパケットには、シーケンス番号の最初の値が入っていて、以降、それを使ってデータの順序の保証などを行います。

　同様に、切断の時は、まず切断する側が FIN パケットを送り、それを受信した側は ACK+FIN パケットを返し、その受信を受けて ACK パケットを送る形で、相互が終了を確認しあってから通信を終えます。

● 信頼性を高めるためにTCPが行っていること

(1)付番によるデータ順序の保証（シーケンス番号）

(2)受信データに誤りがないかの確認（誤り検出）

(3)相手が間違いなく受け取ったことの確認（肯定確認応答）

(4)届いていないデータの再送要請（スライディングウィンドウ）

(5)相手のペースに合わせたデータ送信（フロー制御）

(6)ネットワークの混雑状況に応じた送信速度の調整（輻輳制御）　など

● スライディングウィンドウで送受信を管理する

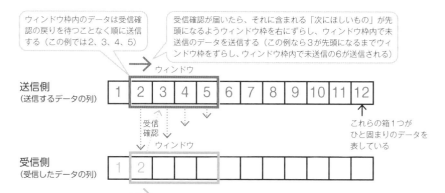

このような考え方を採用すると、1つ送るたびに受信確認の戻りを待つ必要がなくなり、その結果、より効率のよい通信が可能になります。

● TCPの接続と切断の手順

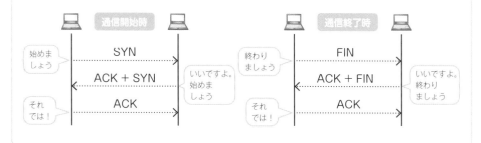

関連用語　トランスポート層 ▶ P.48　ステートフルパケットインスペクション ▶ P.154

07 アプリケーション層の役割

■ アプリケーション層の役割

アプリケーション層は、個別のアプリケーションが持つ機能を実現する層です。下位にあるトランスポート層が作り出す「目的に応じた通信機能」の中から、アプリケーションに適したものを選び、それを使ってアプリケーションプログラム同士がデータをやりとりします。例えばWebで使われるHTTPであれば、サーバーに対して情報取得を指示するリクエストや、その結果をサーバーが返すレスポンスなどの順序や書式が定められています。このやりとりがアプリケーション層にあたります。名前のとおり、アプリケーション個別の機能を実現する層なのです。そのため、**アプリケーション層自体には、他の層のような「層の特徴」として目立つものはありません**。代わりに、それぞれのアプリケーションが独自の特徴を持っているといえます。

■ アプリケーション層の主なプロトコル

アプリケーション層のプロトコルは、アプリケーションの数だけ存在するといっても過言ではありません。そのうち、特に重要で、なおかつ、幅広く使われているものとして、Webへのアクセスに用いる**HTTP**や**HTTPS**、メール送信に用いる**SMTP**、メール読み出しに用いる**POP3**や**IMAP4**、ファイル転送に使う**FTP**、名前解決に使う**DNS**、時計合わせに使う**NTP**などがあります。各プロトコルの機能や働きについては第5章で説明します。

アプリケーション層のプロトコルの多くは、人間が何かの目的を果たす時に使われるものですが、全てがそうだとは限りません。中には、コンピューターの基本的な機能を提供するために使われるものもあります。例えば名前解決に使われる**DNS**や、時計合わせに使う**NTP**は、それを人間が直接使うことはまれで、主に人間が知らないところでコンピューターが使用しています。つまり、アプリケーション層の「アプリケーション」とは、ワープロや表計算やブラウザなど人間が使用するアプリケーション以外に、サーバーが各種の通信サービスに使うプログラムも含め、通信機能を使うプログラム全体を指しているといえます。

● 様々なアプリケーション機能を実現する

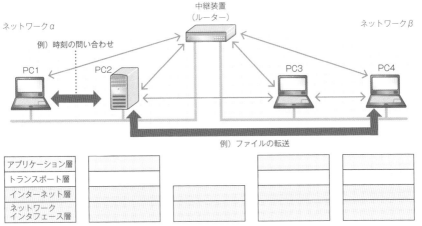

トランスポート層以下の3層で作り出した通信経路を使い、アプリケーション層において、様々なアプリケーション機能を実現するための通信を行います。

● アプリケーション層は最も上に位置する

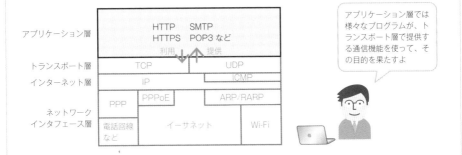

アプリケーション層では様々なプログラムが、トランスポート層で提供する通信機能を使って、その目的を果たすよ

● アプリケーション層の主なプロトコル

HTTP/HTTPS	Webへアクセスする。モバイルアプリの通信などにも使う
SMTP	メールの送信やサーバー間の転送をする
POP3	メールボックスからメールを取り出す
IMAP4	メールボックスのメールを読む
FTP	ファイルを転送する
SSH	文字ベースでサーバーなどにコマンドを送り結果を表示する
DNS	ドメイン名とIPアドレスを相互に変換する
NTP	コンピューターの時計を合わせる

他多数

関連
用語　DNS ▶ P.130　FTP ▶ P.126　HTTP ▶ P.118　IMAP4 ▶ P.124　NTP ▶ P.132　POP3 ▶ P.124
SMTP ▶ P.122

08 レイヤーごとの処理と パケットの関係

■ 送出側の処理とヘッダの追加

　TCP/IPの各レイヤーは、その上下に接する層と連携して通信処理を行います。データを送り出す側では、上位層から受け取ったデータを基に、何らかの通信処理を行い、その**通信処理に必要な各種の情報をデータ本体の前に付加**します。これを**ヘッダ**と呼びます。そして、それら全体を下位層に引き渡して、自身の処理を終えます。それを受け取った下位層は、やはりこれと同じような形で処理を行い、さらに下位の層に引き渡します。このような処理をするため、下位層に行くほどパケットの全体サイズは大きくなります。

■ 受取側の処理とヘッダの削除

　データを受け取る側では、下位層から受け取ったパケットに含まれる、ヘッダ部分の情報を使って必要な通信処理を行います。処理を終えたら、ヘッダ部分を除去したデータ部分だけを上位層に引き渡します。それを受け取った上位層は、同様の方式で処理を行って、さらに上位の層に引き渡します。**上位層に引き渡されるたび、ヘッダは除去されていく**ので、パケットの全体サイズは小さくなり、最後には送出側が最初に送り出したデータだけになります。

■ TCP/IP による通信の全体イメージ

　これらの処理が TCP/IP 全体でどう行われているか、そのイメージを表したものが右ページの図です。送信側のコンピューター A は各層の処理を行っては、そのヘッダを付加して最終的にイーサネットフレームを作り、コンピューター B に送ります。受信側のコンピューター B はその逆に各層の処理をしてヘッダを除去し、最終的にデータだけをアプリケーションプログラムに引き渡します。

プラス1 　各レイヤーで付加するヘッダのサイズは最小限になるよう工夫されています。その理由は、同じ時間で見ると、ヘッダの分だけ送信できるデータの全体量が減ってしまうためです。

イメージでつかもう！

● 上位層と下位層の関係

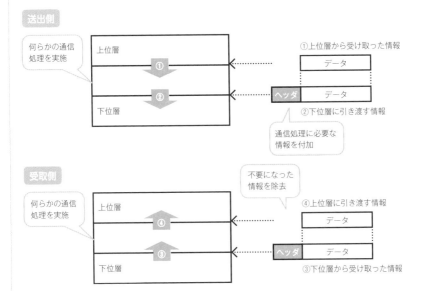

● TCP/IP の各層と通信の全体イメージ

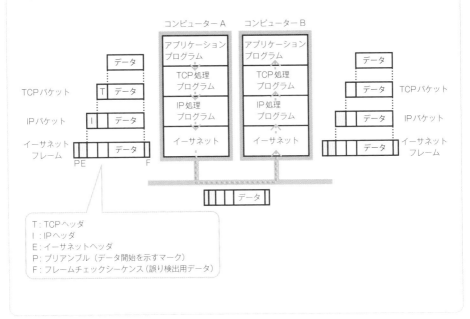

T：TCPヘッダ
I：IPヘッダ
E：イーサネットヘッダ
P：プリアンブル（データ開始を示すマーク）
F：フレームチェックシーケンス（誤り検出用データ）

関連
用語　TCP/IP ▶ P.40　レイヤー ▶ P.26

09 IPアドレス

IPアドレスとは

　IPアドレスは、IPと呼ばれるプロトコルを使うネットワークにおいて、各コンピューターを識別するために、コンピューターへ付与する番号の列です。各コンピューターには、それぞれ違うIPアドレスを与え、そのIPアドレスを使ってコンピューターを特定したり、通信相手として指定したりします。

　ところで、いま広く使われているIP(インターネットプロトコル)には、**IPv4**とIPv6の2種類があります。IPv4は古くから使われているもの、IPv6は比較的新しく使われ始めたものです。この両者はIPアドレスの形式などに違いがあります。ここでは、古くから使われているIPv4のIPアドレスを中心的に取り上げます。なおIPv6のIPアドレス形式については2-17節を参照してください。

IPアドレスは世界規模で管理されている

　IPアドレスはコンピューターごとに違っていることが重要なので、それが保証されるように、使い方にはルールがあります。逆に、完全に独立していて将来的にもどことも接続する予定がないネットワークであれば、どのようなIPアドレスを使っても構いません。しかし、どこともつながらないネットワークでは有用性が低いので、通常は**インターネットのルールに従ってIPアドレスを割り当てる**のが一般的です。

　インターネットで使用するIPアドレス(グローバルIPアドレス)は、世界中のコンピューターに対して重複しないよう割り当てる必要があります。これを実現するため、IPアドレスの割り当ては階層的に行われています。

　IPアドレスを管理する総本山は**ICANN**(Internet Corporation for Assigned Names and Numbers)です。そのICANNから**地域インターネットレジストリ**(日本を含むアジア太平洋地域は**APNIC**)に対して、IPアドレスの一定範囲が割り振られます。同様にして、**国別インターネットレジストリ**(日本は JPNIC)、**ローカルインターネットレジストリ**(ISPやデータセンター事業者など)にIPアドレスが割り当てられ、最終的にその一部がユーザーに割り当てられます。

> **プラス1** 世界で唯一となるよう管理されるグローバルIPアドレス以外に、誰もが自由に使えるプライベートIPアドレスというものもあります。これは組織や家庭の中だけで使用します。2-11節も参照してください。

● IPネットワークでは通信相手をIPアドレスで指定する

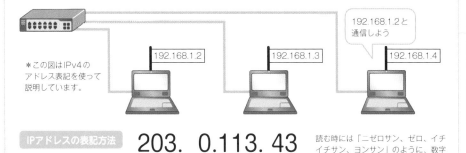

*この図はIPv4の
アドレス表記を使って
説明しています。

192.168.1.2

192.168.1.3

192.168.1.4

192.168.1.2と
通信しよう

IPアドレスの表記方法 **203. 0.113. 43** 読む時には「ニゼロサン、ゼロ、イチ
イチサン、ヨンサン」のように、数字
だけをそのまま読むことが多い

IPアドレスは4つの数（0 ～ 255）をドットで区切って表します。単純計算では約42.9億台の
コンピューターをつなぐことができます（実際はもっと少ない）。

● IPアドレスは階層的に割り当てられる

IPアドレスはICANNという団体が管理しており、そこから下の階層の組織に割り当てられ、最
終的に家庭やオフィスに割り当てられます。

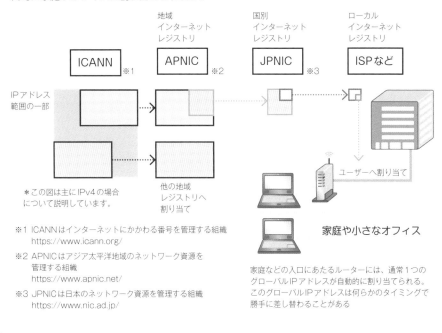

地域
インターネット
レジストリ

国別
インターネット
レジストリ

ローカル
インターネット
レジストリ

ICANN ※1

APNIC ※2

JPNIC ※3

ISPなど

IPアドレス
範囲の一部

ユーザーへ割り当て

*この図は主にIPv4の場合
について説明しています。

他の地域
レジストリへ
割り当て

家庭や小さなオフィス

※1 ICANNはインターネットにかかわる番号を管理する組織
　　https://www.icann.org/

※2 APNICはアジア太平洋地域のネットワーク資源を
　　管理する組織
　　https://www.apnic.net/

※3 JPNICは日本のネットワーク資源を管理する組織
　　https://www.nic.ad.jp/

家庭などの入口にあたるルーターには、通常1つの
グローバルIPアドレスが自動的に割り当てられる。
このグローバルIPアドレスは何らかのタイミングで
勝手に差し替わることがある

関連
用語 IP アドレス割り当て ▶ P.172　グローバル IP アドレス ▶ P.60　プライベート IP アドレス ▶ P.60

10　ポート番号

ポート番号の働き

　ポート番号はトランスポート層にあたる TCP または UDP が提供する機能で、相手が持つどの機能と接続するかを指定するために使用します。1 台のコンピューターが複数の機能を持つ時、IP アドレスを指定するだけでは複数ある機能のどれを使うかを示すことができません。**IP アドレスとポート番号の両方を用いることで、どのコンピューターのどの機能、といった指定が可能になります。**

　IP アドレスと違い、ポート番号は単純な 1 つの数で表され、その値は 0 ～ 65535 までをとります。このうち 0 ～ 1023 までのポート番号は**ウェルノウンポート**と呼ばれ、主要なアプリケーションごとに番号が割り振られています。

TCP でのポート番号

　トランスポート層プロトコルに TCP を使用する通信では、通信開始時の接続において、**相手の IP アドレスとあわせて、相手のサービスを特定するポート番号を指定します。**例えば、Web サービスなら 80 番を指定します。指定した IP アドレスのコンピューターが、指定したポート番号の通信を受け付けていればその接続は成立し、相手コンピューターとの間で、自由に情報をやりとりできるようになります。

　実はこの時、**通信を始める側のコンピューターも、ポート番号を 1 つ使用しています。**これは忘れがちなポイントです。多くの場合、この自分のポート番号には、ウェルノウンポート以外の範囲のものが順次自動的に割り当てられます。

UDP でのポート番号

　トランスポート層のプロトコルに UDP を使用する通信でも同様に、相手の IP アドレス、相手のポート番号、自分の IP アドレス、自分のポート番号の 4 つが使われます。それぞれが持つ意味は、だいたい TCP の場合と同様です。ただ、UDP には接続の概念がなく、前準備なしで相手に情報を送出できるため、TCP のように自分のポート番号によって接続を区別する必要がなくなります。

● ポート番号により1台のコンピューター内の複数サービスを区別できる

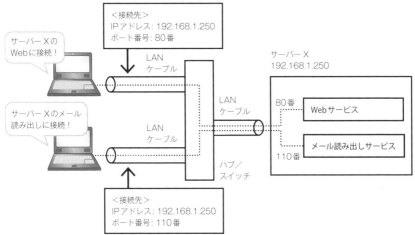

ポート番号	プロトコル	主な用途
80	HTTP	Webへのアクセス
443	HTTPS	暗号化したWebへのアクセス
110	POP3	メールボックスの読み出し
143	IMAP4	メールボックスへのアクセス
25	SMTP	サーバー間のメール転送
587	SMTP submission	パソコンからメールサーバーへのメール送信
20	FTP data	ファイル転送（データ転送用）
21	FTP control	ファイル転送（制御用）

代表的な
ウェルノウンポート

● TCPにおいて自分のポート番号が持つ意味

自分のポートは、相手が情報を送り返す先になるほか、
同じ相手の同じポートに複数接続しているときに、そ
れぞれを区別する役割も果たします。

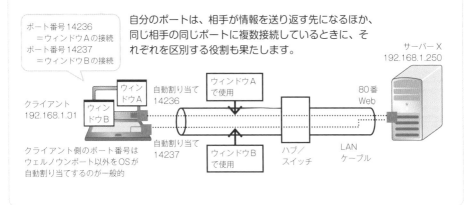

11 グローバルIPアドレスと プライベートIPアドレス

▊ 組織内で使われるプライベート IP アドレス

IP アドレスはインターネットに接続するコンピューターを識別する働きがあり、**他と重複しないよう割り当てられます。** これが原則ですが、実は、この原則にのっとらない IP アドレスも存在します。世界で唯一となる前者はグローバル IP アドレスと呼ばれ、そうでないものはプライベート IP アドレスと呼ばれます。どちらも同じ IP アドレスの一部ですが、使用する数値の範囲で区別されます。

プライベート IP アドレスは、組織や家庭などの内部ネットワークで使用します。ある組織と別の組織で、プライベート IP アドレスが重複しても全く問題ありません。要は組織や家庭の中などの 1 つのネットワーク内で重複せず、コンピューターが識別できればいいのです。

▊ 枯渇を迎えたグローバル IP アドレス

IP アドレスでは、理論上、約 43 億（2 の 32 乗）の端末を識別することができます。しかし、インターネットの利用者が増えるにつれて、各組織や通信事業者に割り当てられるグローバル IP アドレスの残りが少なくなり、**グローバル IP アドレス**（正確には IPv4 アドレス）の枯渇が叫ばれるようになりました。その状況の中、少数のグローバル IP アドレスを共用してインターネットに接続する **NAPT** などの**アドレス変換技術**（3-09 節）が提唱されました。アドレス変換技術の普及により IP アドレスの不足は和らぎましたが、それでも完全には回避できず、2015 年には全世界で枯渇してしまいました。現在は、未使用のものを回収してなんとかやりくりしている状態ですが、今後、ユーザーにも影響が出てくる恐れはあります。

この先は、新しい IP プロトコルである **IPv6** への移行が進むと考えられますが、IPv6 を使うインターネットは現在のインターネットとは全く別のものになり、そちらにつながるサイトがまだ少ないこと、ネットワークに接続する機器に IPv6 対応のものが必要になることなどの理由から、移行はまだ十分には進んでいません。なお、IPv6 は、約 340 澗（2 の 128 乗）の端末を識別できるため、枯渇の心配はないとされています。

● 特定の範囲をプライベートIPアドレスとして扱う

クラスA　　　10.0.0.0　　　～ 10.255.255.255
クラスB　　　172.16.0.0　～ 172.31.255.255
クラスC　　　192.168.0.0 ～ 192.168.255.255

*IPv4の場合。
クラスについては2-12節を参照。

● プライベートIPアドレスは内部ネットワークでのみ使える

*この図は主にIPv4の場合
について説明しています。

インターネット

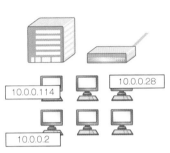
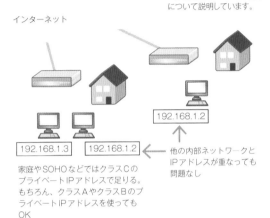

10.0.0.114
10.0.0.28
10.0.0.2

192.168.1.3　192.168.1.2

192.168.1.2

← 他の内部ネットワークと
IPアドレスが重なっても
問題なし

台数が多い企業などではクラスAや
クラスBのプライベートIPアドレ
スを使う必要あり

家庭やSOHOなどではクラスCの
プライベートIPアドレスで足りる。
もちろん、クラスAやクラスBのプ
ライベートIPアドレスを使っても
OK

● IPv4アドレスの枯渇とIPv6への移行

IPv4で識別できる端末数

約43億

でも、すでに使いきってしまった…

今後はIPv6への移行が
進むと考えられる

たっぷり！

IPv6で識別できる端末数

約340澗

12 IPアドレスのクラスとネットマスク

■ ネットワーク部とホスト部

IP アドレスは通常の表記の他に、32 桁のビット列（二進法表記）で表すことができます。この 32 ビットで表した IP アドレスは、左側の**ネットワーク部**と呼ばれる部分と、右側の**ホスト部**と呼ばれる部分に分けられます。

ネットワーク部は、あるネットワークを特定する情報です。ホスト部は、そのネットワークの中のコンピューターを特定します。この 2 つをまとめて、全体で 1 つの IP アドレスになります。

■ ネットワーク規模に応じて決められている IP アドレスのクラス

IP アドレスには**クラス**という概念があります。クラスは A ～ E まであり、D と E は特殊な用途に使い、通常のアドレスとして使うのはクラス A ～ C です。クラス A ～ C の違いは、**1 つのネットワークアドレスの中で、何台のコンピューターを区別できるか**、つまりネットワークの規模の違いです。クラス A は最大 16,777,214 台のコンピューターを区別できるので非常に大規模なネットワークに向きます。逆にクラス C は最大 254 台にとどまるので小規模ネットワーク向きです。

ネットワーク部の長さを見ると、クラス A はネットワーク部が 8 ビット（先頭は必ず 0）と決められており、00000000（0）から 01111111（127）までしか表せません。そのためクラス A が使えるのは 128 のネットワークに限られることになります。一方、クラス C はネットワーク部が 24 ビット（先頭は必ず 110）と決められており、2,097,152 ものネットワークで利用できる計算になります。

■ ネットワーク部を知りたい時はネットマスクを使う

IP アドレスのネットワーク部にあたる部分を 1 にしたビット列を、**ネットマスク**と呼びます。このネットマスクと IP アドレスで AND 演算（第 2 章コラム参照）を行うと、ネットワークアドレスを取り出せます。**ネットワークアドレス**はホスト部を全て 0 にしたものであり、それはそのネットワーク自体を表します。

プラス1　「全ての桁を 1 にしたアドレス」と「ホスト部を全て 1 にしたアドレス」をブロードキャストアドレスと呼びます。ブロードキャストアドレスは、コンピューターへの一斉送信に使用します。

イメージでつかもう！

● IPアドレスはネットワーク部とホスト部からなっている

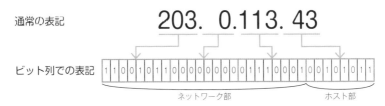

通常の表記　**203. 0.113. 43**

ビット列での表記

ネットワーク部　　ホスト部

ネットワーク部とホスト部の配分が異なるクラスが定められており、先頭の数ビットの状態でクラスを判別できます。

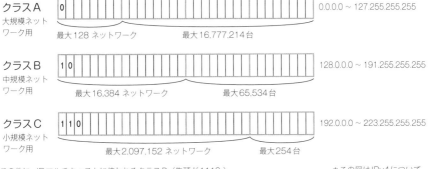

クラスA
大規模ネット
ワーク用
0
最大128ネットワーク　　最大16,777,214台
0.0.0.0 ～ 127.255.255.255

クラスB
中規模ネット
ワーク用
10
最大16,384ネットワーク　　最大65,534台
128.0.0.0 ～ 191.255.255.255

クラスC
小規模ネット
ワーク用
110
最大2,097,152ネットワーク　　最大254台
192.0.0.0 ～ 223.255.255.255

この他に、IPマルチキャストに使われるクラスD（先頭が1110）、
将来のために予約されているクラスE（先頭が1111）がある

＊この図はIPv4について
説明しています。

● ネットマスクとのAND演算でネットワークアドレスが得られる

ネットワーク部にあたる位置のビットを1にしたものをネットマスクと呼び、IPアドレスからネットワークアドレスを取り出すために使われます。

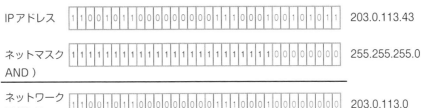

十進法表記の場合

IPアドレス　　203.0.113.43

ネットマスク
AND）　　255.255.255.0

ネットワーク
アドレス　　203.0.113.0

IPアドレスとネットマスクのAND演算を行うと、
ネットワーク部だけが取り出され、ホスト部が0
になって、ネットワークアドレスが得られる

＊この図はIPv4について説明しています。
AND演算についてはp.76のコラムを参照。

13 サブネット化とサブネットマスク

小さなネットワークに分けるメリット

組織のネットワークを1つの大きなものにする代わりに、小さなネットワークに分けることがよくあります。これには、ブロードキャスト（2-14節）が届く範囲を限定する、故障が波及する範囲を最小限に抑える、といった理由があります。ブロードキャストとはネットワーク内の全コンピューターへの一斉送信で、その範囲が広すぎると無関係なコンピューターに無駄な処理をさせ、ネットワークの通信能力を浪費します。またネットワークに故障が起きた時のことを考えると、故障の影響範囲は小さく抑えるのが得策です。これらの点から、**1つの巨大なネットワークを作るのではなく、物理的な配置や組織などを単位にして小さなネットワークを作り、それらを接続する**構成が一般に使われます。

サブネット化とサブネットマスク

小さなネットワークに分けてそれらを接続する構成にすることを、**サブネット化**といいます。サブネット化する場合、IPアドレスの中のネットワーク部をさらに延ばして、その分ホスト部を縮めます。見方を変えれば、**ホスト部の一部までネットワーク部として使ってしまう**、ともみなせます。右ページの図のように2ビット延ばせば、この分を使い4つのサブネットを使うことができます。何ビット延ばすかは必要に応じて決められますが、延ばせば延ばすほど、1つのサブネット内でコンピューターに付与できるアドレスが少なくなることには注意が必要です。

サブネット化した際もネットマスク（2-12節）の考え方は変わりません。ネットワーク部が延びるのでサブネットマスクの「1」の部分も延びます。サブネット化した時のネットマスクを特に**サブネットマスク**と呼びますが、一般には、ネットマスクとサブネットマスクという言葉は区別なく使われることが多いようです。

なお、サブネットマスクは左端から1つ以上の「1」が連続している必要があります。途中で「0」が入るような値をサブネットマスクに使うことはできません。

プラス1　ブロードキャストが届く範囲のことを「ブロードキャストドメイン」と呼びます。ブロードキャストドメインは適切な大きさに分割しなければなりません。

● サブネット化で小さなネットワークに分ける

サブネット化とは、1つのネットワークを複数のサブネットに分割することです。

ネットワークアドレス192.168.1.0（192.168.1.0 ～ 192.168.1.255）のIPアドレスを、さらに小分けしてそれぞれの
ネットワークで使う場合……

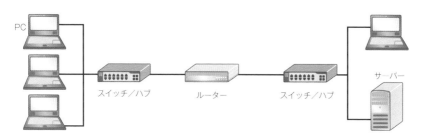

ネットワークアドレス：192.168.1.0
使用する範囲　　　　：192.168.1.0 ～ 63
サブネットマスク　　：255.255.255.192

ネットワークアドレス：192.168.1.64
使用する範囲　　　　：192.168.1.64 ～ 127
サブネットマスク　　：255.255.255.192

● サブネット化する時はネットワーク部を延ばす

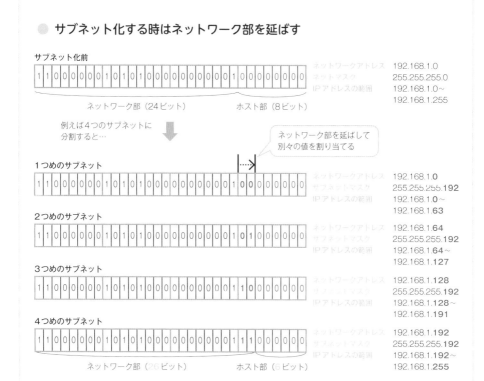

サブネット化前

ネットワーク部（24ビット）　ホスト部（8ビット）

ネットワークアドレス　192.168.1.0
ネットマスク　　　　　255.255.255.0
IPアドレスの範囲　　　192.168.1.0 ～
　　　　　　　　　　　192.168.1.255

例えば4つのサブネットに
分割すると…

ネットワーク部を延ばして
別々の値を割り当てる

1つめのサブネット

ネットワークアドレス　192.168.1.**0**
サブネットマスク　　　255.255.255.**192**
IPアドレスの範囲　　　192.168.1.**0** ～
　　　　　　　　　　　192.168.1.**63**

2つめのサブネット

ネットワークアドレス　192.168.1.**64**
サブネットマスク　　　255.255.255.**192**
IPアドレスの範囲　　　192.168.1.**64** ～
　　　　　　　　　　　192.168.1.**127**

3つめのサブネット

ネットワークアドレス　192.168.1.**128**
サブネットマスク　　　255.255.255.**192**
IPアドレスの範囲　　　192.168.1.**128** ～
　　　　　　　　　　　192.168.1.**191**

4つめのサブネット

ネットワークアドレス　192.168.1.**192**
サブネットマスク　　　255.255.255.**192**
IPアドレスの範囲　　　192.168.1.**192** ～
　　　　　　　　　　　192.168.1.**255**

ネットワーク部（26ビット）　ホスト部（6ビット）

14 ブロードキャストと マルチキャスト

ブロードキャスト

　IP プロトコルを使った通信では、1 対 1 での通信の他に、いくつかの通信形態を利用することができます。1 対 1 で行う通信を**ユニキャスト**と呼ぶのに対して、**同じイーサネットに接続している全てのコンピューターに対してデータを届ける通信をブロードキャストと呼びます**。ブロードキャストを用いる代表的なプロトコルには ARP や DHCP などがあります。
　ブロードキャストを行うには、特殊なアドレスである **255.255.255.255（リミテッドブロードキャストアドレス）** にパケットを送るか、もしくは、**IP アドレスのホスト部を全て 1 にしたアドレス（ディレクテッドブロードキャストアドレス）** にパケットを送ります。
　リミテッドブロードキャストアドレスに送ったパケットは、同じイーサネット内の全てのコンピューターに届けられます。また、ルーターで接続した他のネットワークには転送されません。これに対し、ディレクテッドブロードキャストアドレスに送ったパケットは、仕組み上、必要に応じてルーターを経由して宛先のネットワークに転送され、そのイーサネットにつながっている全てのコンピューターに送られます。ただ、ルーターではこの中継を禁止することが推奨されているため、実際には他のネットワークまで届かないことが多いでしょう。なお、単にブロードキャストといった場合は、通常、前者を指します。

マルチキャスト

　マルチキャストは、あるグループに含まれる特定のコンピューターにだけデータを送り届けるものです。マルチキャストを行う時は、IP アドレスとして**クラス D**（224.0.0.0〜239.255.255.255）のアドレスが使われます。マルチキャストの中でも、**IP マルチキャスト**と呼ばれる技術を使用すると、ネットワークに負荷をかけることなく、特定のコンピューター群に対して、映像や音声を配送することができます。ただし、関連する全てのルーターがこれに対応している必要があり、ユニキャストやブロードキャストに比べて利用できる場面は限られます。マルチキャストを使用するアプリケーションとしては、映像や音声の配信、テレビ会議などがあります。

● ブロードキャストとマルチキャスト

ブロードキャストとマルチキャストはどちらも複数のコンピューター相手に通信する方式ですが、送られる範囲が異なります。

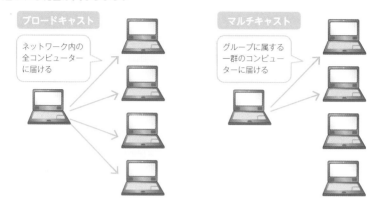

これらと区別して、1台だけに届ける通信方式をユニキャストと呼ぶ
＊この図は主にIPv4の場合について説明しています。

● ブロードキャストとルーターの関係

リミテッドブロードキャストアドレス（255.255.255.255）宛てに送信した情報はネットワーク内の全コンピューターに送られますが、ルーターの先にあるネットワークには届きません。

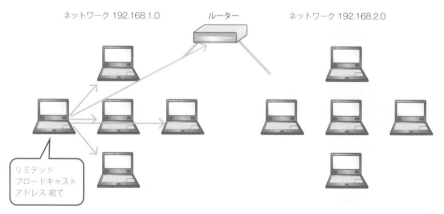

＊この図は主にIPv4の場合について説明しています。

15 ハブ／スイッチの役割と機能

■ ハブ／スイッチの外観

　オフィスや家庭のネットワークでよく目にする機器として、**ハブ／スイッチ**が挙げられます。ハブ／スイッチの外観的な特徴は、LAN ケーブルをつなぐポートがたくさん並んでいるという点です。それぞれのポートにコンピューターをつないで、ネットワークを形成します。

■ ハブとスイッチの違い

　「**ハブ**」と「**スイッチ**」は、**本来同じものを指す言葉**です。略さずにいえばどちらも「スイッチングハブ」となります。スイッチングハブの普及に合わせ、ハブといえばスイッチングハブを指すようになったことや、スイッチングの部分を抜き出してスイッチと呼ぶ名称も使われていたことから、両方の呼称があるようです。

　しかし昨今では、データ転送機能だけを持つ単機能のものをハブと呼び、それ以外の、各種管理機能（Web 画面での設定、内部情報の読み出しなど）や VLAN 機能（4-05 節）などを持つものをスイッチと呼ぶことが多いようです。本書では必要に応じてこれら両方の表記を使用します。

■ データリンク層より下を拡張するハブ／スイッチ

　あまり愛想のない言い方をするなら、ハブ／スイッチは「**物理層（レイヤー1）およびデータリンク層（レイヤー2）**のプロトコルであるイーサネットにおいて、イーサネットフレームを転送する」働きをします。もう少し、使い方のイメージに近い説明をするなら、ハブ／スイッチは「**イーサネットの新設や拡張に使用するもの**」です。新たにパソコンやサーバーでネットワークを作る時、あるいはポートが足りなくなった時に、ハブ／スイッチを用意して必要なポートを確保します。これはイーサネットの新設や拡張に相当します。レイヤーで表すならば、物理層（レイヤー1）とデータリンク層（レイヤー2）の範囲でネットワークの新設や拡張を行っているといえます。

2

TCP/IPの基礎知識

● ハブ/スイッチは物理層とデータリンク層の範囲で働く

ハブ/スイッチは、OSI参照モデルの物理層とデータリンク層の範囲で働く機器です。

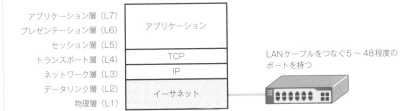

アプリケーション層（L7）
プレゼンテーション層（L6）
セッション層（L5）
トランスポート層（L4）
ネットワーク層（L3）
データリンク層（L2）
物理層（L1）

アプリケーション

TCP
IP
イーサネット

LANケーブルをつなぐ5～48程度の
ポートを持つ

● ハブとスイッチの違い

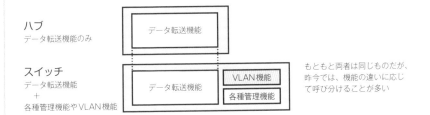

ハブ
データ転送機能のみ

データ転送機能

スイッチ
データ転送機能
＋
各種管理機能やVLAN機能

データ転送機能

VLAN機能

各種管理機能

もともと両者は同じものだが、
昨今では、機能の違いに応じ
て呼び分けることが多い

● 2つのイーサネットをハブ/スイッチでつなぐと…

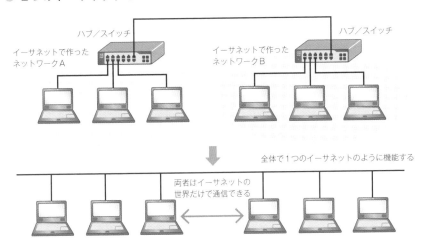

ハブ/スイッチ

イーサネットで作った
ネットワークA

ハブ/スイッチ

イーサネットで作った
ネットワークB

全体で1つのイーサネットのように機能する

両者はイーサネットの
世界だけで通信できる

関連
用語　L2スイッチ ▶ P.100　VLAN ▶ P.106　イーサネット ▶ P.98　データリンク層 ▶ P.42　物理層 ▶ P.42

16 ルーターの役割と機能

■ ルーターの機能

ルーターはネットワークの中心的な役割を果たす機器です。その機能をひと言でいえば、「ネットワーク層（レイヤー3）のプロトコルであるIPにおいて、IPパケットを転送する」働きをします。使い方の視点で見ると、「**相互に独立しているイーサネットネットワークの間に入って、両者の間でパケット（情報）を中継するもの**」ということもできます。そのままではお互いに通信できない個別のネットワークが、ルーターが間に入ることにより、相互に通信できるようになります。それでいて、個別のネットワークの独立性は失われません。

レイヤーの考え方で見ると、物理層（レイヤー1）とデータリンク層（レイヤー2）からなるイーサネットの範囲では独立しているネットワークを、**ネットワーク層（レイヤー3）の働きで中継するものがルーター**ということになります。

■ ルーターの働きとレイヤーの対応

ルーターの働きとレイヤーの対応を見てみましょう。右ページの一番上の図を見てください。**コンピューターAとコンピューターBがイーサネットの範囲では別のネットワークに属していて、両方のネットワークはルーターでつながっている**とします。

コンピューターAのイーサネットとルーターのイーサネットは、直接つながっているので、それを使って通信ができます。では、コンピューターAのIP（プロトコル）とルーターのIPはどうでしょうか。これは下位のイーサネットの機能で通信できます。同様にして、ルーターのIPとコンピューターBのIPも下位のイーサネットの機能で通信できます。ここで、ルーターのIPは中継機能を持つことに注目してください。この中継機能のおかげで、**コンピューターAのTCPは、IPにデータの送信を依頼することで、コンピューターBにデータを届けられる**ようになります。

このようにルーターはIPネットワークでとても重要な役割を果たしています。イーサネットを拡張する機能を持つハブ／スイッチとは、全く異なる働きをしていることが見て取れるでしょう。

● ルーターはネットワーク層の範囲で働く

ルーターは、本質的には、OSI 参照モデルの物理層〜ネットワーク層の範囲で働く機器です。

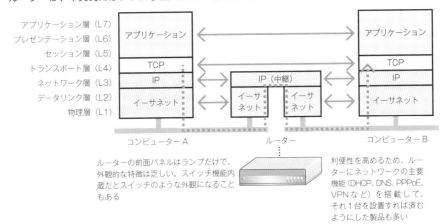

アプリケーション層（L7）
プレゼンテーション層（L6）
セッション層（L5）
トランスポート層（L4）
ネットワーク層（L3）
データリンク層（L2）
物理層（L1）

コンピューターA　　　　　　　　　　　　　ルーター　　　　　　　コンピューターB

ルーターの前面パネルはランプだけで、外観的な特徴は乏しい。スイッチ機能内蔵だとスイッチのような外観になることもある

利便性を高めるため、ルーターにネットワークの主要機能（DHCP、DNS、PPPoE、VPN など）を搭載して、それ1台を設置すれば済むようにした製品も多い

● 2つのイーサネットをルーターでつなぐと…

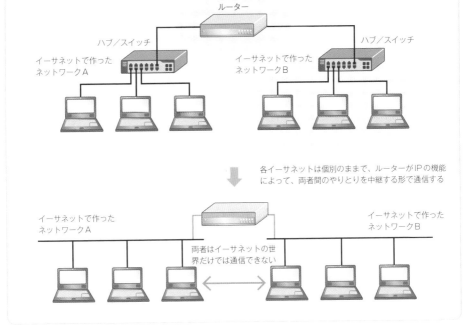

ルーター

ハブ／スイッチ　　　　　　　　　　　　　　ハブ／スイッチ

イーサネットで作った
ネットワークA

イーサネットで作った
ネットワークB

各イーサネットは個別のままで、ルーターがIPの機能によって、両者間のやりとりを中継する形で通信する

イーサネットで作った
ネットワークA

イーサネットで作った
ネットワークB

両者はイーサネットの世界だけでは通信できない

関連用語　ネットワーク層 ▶ P.42　ルーター ▶ P.102　ルーティング ▶ P.86

2
TCP/IP の基礎知識

17 IPv6

IPv6 とは

TCP/IP のインターネット層にはインターネットプロトコル（IP）が使われること
を 2-04 節で説明しました。近年では、この IP の新しいバージョンが普及してきて
います。IP の新しいバージョンは、そのバージョン番号が 6 であることから「**IPv6**」
と呼ばれます。同様に、従来から使われてきた IP は、そのバージョン番号が 4 であ
ることから「**IPv4**」とも呼ばれます。

IPv6 の IP アドレス

IPv6 で使われる IP アドレスの構造や書き表し方は、これまで IPv4 で使われてき
たものと比べ、だいぶ様変わりしています。IPv6 では、4 桁の 16 進数（英字は小文
字を使用）を「：」で区切って 8 つ並べるのが基本です。また、IP アドレスが長く
なり読み書きに不便なことから、省略して表記するルールが決められています。

端末などに割り当てるアドレスに関して、IPv4 ではネットワーク部の長さを必要
に応じて延ばしたり縮めたりすることが一般的に行われますが、IPv6 では、ネット
ワーク部に相当するプレフィックスは通常 64 ビットに固定されます。

IPv6 によるインターネット

近年、インターネットでも IPv6 が使われていますが、IPv6 でアクセスできるイ
ンターネットと、従来からある IPv4 のインターネットとは別々のものと考える必要
があります。いまのところ、IPv4 と IPv6 の両インターネットに接続している Web
サイトは、一部の大手サイトを除き、まだあまり多くありません。

IPv6 インターネットにアクセスするには、パソコンや端末に IPv6 を使用する設
定を行い（最初から設定されているものも多い）、プロバイダー（ISP）に IPv6 の利
用申し込みをして（不要なケースもある）、ルーターに必要な設定を行う（自動設定
されていることがある）といった手順を踏むのが一般的です。

イメージでつかもう！

● 主要なアドレス形式（グローバルユニキャストアドレス）

48〜64ビット	16〜0ビット	64ビット
ルーティングプレフィックス	サブネットID	インタフェースID

プレフィックス（64ビット）　　　　　　インタフェースID（64ビット）

具体的なアドレスの例

2001:0db8:0000:0000:0001:0000:0000:89ab

● IPv6アドレスの表記例

省略しない表記　2001:0db8:0000:0000:0001:0000:0000:89ab

0000の連続を :: に置換　上位のゼロを省略　上位のゼロを省略

省略した表記　2001:db8::1:0:0:89ab

0000の連続を :: に置換するのは1カ所のみ。複数箇所あるときは連続するゼロが多いほう、同数なら左側に適用する

● IPv4とIPv6では別々のインターネットだとイメージするとわかりやすい

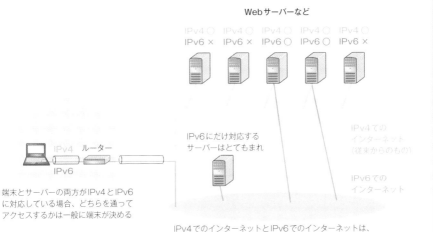

Webサーバーなど

IPv4 ○ IPv4 ○ IPv4 ○ IPv4 ○ IPv4 ○
IPv6 × IPv6 × IPv6 ○ IPv6 ○ IPv6 ×

IPv6にだけ対応する
サーバーはとてもまれ

IPv4 ルーター
IPv6

IPv4でのインターネット
（従来からのもの）

IPv6でのインターネット

端末とサーバーの両方がIPv4とIPv6
に対応している場合、どちらを通って
アクセスするかは一般に端末が決める

IPv4でのインターネットとIPv6でのインターネットは、
イメージとしては別々のものになるが、実際の装置や配線は
両方で共用することも多い

18 通信速度と遅延

通信速度と遅延

　ネットワークの品質（良し悪し）を考える時、「通信速度」にだけ注目しがちですが、実は「遅延」もまたネットワークの品質を決める重要な要素です。

　まず**通信速度**は「1秒間にやりとりできるビット数（情報量）」を表します。直感的にいえば、ダウンロードの早さや動画のきめ細かさなどがこれにより決まります。

　通信速度の「最大値」は通常、採用している通信規格によって決まります。これに対し、それを実際に使って得られる通信速度を**実効速度**と呼び、その値は通信規格が定める理論上の通信速度よりも遅くなります。その理由にはいくつかありますが、とりわけ電波を利用する通信では、利用地点の電波の強さや妨害電波の有無に大きく左右されます。また、有線か無線かを問わず、同時に利用する者には原則として均等に通信の機会が与えられることから、同時利用者が多いほど（＝混雑しているほど）1人あたりの通信速度は遅くなります。他に機器の処理能力の影響も受けます。

　一方の**遅延**は「送信した情報を相手が受信するまでにかかる時間」を示しています。直感的にいえば、こちらは通信相手の反応の素早さにつながります。特にeスポーツなどでは遅延の大小が結果を大きく左右します。

　遅延は、通信相手との距離、用いる通信媒体、介在する通信機器の性能や数などによって決まります。また、通信速度と同様に、同時利用者が増えてくると順番が回ってくるまで実際の送信が保留されますので、自分が送信したつもりでもその待ち時間分の遅れが加わり、見かけ上の遅延は大きくなります。

両者の関係性

　実際に得られる通信速度（実効速度）と、実際に発生する遅延は、お互いに影響を与えあう関係にあります。一般に、遅延が大きいと実効速度が遅くなる方向に働き、実効速度が遅いと遅延が大きくなる方向に働きます。中でも、信頼性を高めるため相手の正常受信を確認するTCPのようなプロトコルでは、遅延が大きくなると相手の受信確認が届くのを待つ時間が増えてしまい、通信速度への影響がより大きくなりがちです。

プラス1　このごろ注目されている人工衛星を利用したインターネット接続サービスで低軌道衛星が使われるのは、そのほうが電波が強いことに加えて、地表と衛星の距離が近く遅延が少ないことも理由の1つです。

● 通信速度と遅延

通信速度

- 1秒間にやりとりできるビット数（情報量）を表す
- 単位はbps（bit per second）で、他にビット／秒やビット毎秒とも表記される
- 単位の前にk（キロ＝10^3）、M（メガ＝10^6）、G（ギガ＝10^9）などをつけて「100Mbps」「100メガビット毎秒」のような形で使うことが多い

遅延

- 送信した情報を相手が受信するまでにかかる時間を表す
- 単位はs（second）または秒が使われる
- 単位の前にm（ミリ＝10^{-3}）、μ（マイクロ＝10^{-6}）、n（ナノ＝10^{-9}）などをつけて「25ms」「25ミリ秒」のような形で使うことが多い

● 遅延はeスポーツの勝敗を大きく左右する

例えば、サーバーから送られてきた合図でキーボードを押す早押し競技をすると、遅延が20ミリ秒のBさんよりも、遅延が5ミリ秒のAさんのほうが圧倒的に有利です。

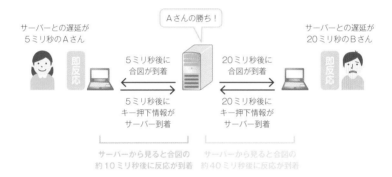

● 距離と遅延の関係

光ファイバ中の光速は毎秒20万km程度です。仮に2,000km（東京と石垣島くらいの距離）離れた相手と1本の光ファイバでつないだとすると、送った光（＝情報）が相手に届くまで約1/100秒つまり約10ミリ秒の時間がかかります。つまり最低でも10ミリ秒の遅延が生じることになります。

サブネットマスクの計算に欠かせない AND 演算を覚えておこう

　サブネットマスクの計算に使用する AND 演算は、論理演算と呼ばれるものの１つです。論理演算は、真と偽の２つの値（真理値）を持つ情報に対して使われます。二進法で表した数、つまり０と１で表されたデータに対して、この論理演算を適用することがよくあります。

　論理演算は、加減乗除のような普通の算術演算と違い、それ自体に桁上がりの考え方がありません。０か１で表される入力に対して、０か１かの結果が決まります。複数の桁を持つ二進数の２つの値に対して演算を行う場合は、桁の位置をそろえて、各桁ごとに計算します。

　基本的な論理演算には、OR（論理和）、AND（論理積）、NOT（否定）があります。そのうち、サブネットマスクに使われる AND 演算は「２つの値が共に１なら結果が１になる」というルールで計算します。例えば、二進数で 1010 と 0011 の AND を求めると結果は 0010 になります。

　AND の計算結果をよく見ると、２つめの値（前例では 0011）で「0」の桁は結果が必ず「0」になり、また２つめの値で「1」の桁は、１つめの値（前例では 1010）の同じ桁の値がそのまま取り出されていることがわかります。

　この性質を利用して、ある二進数の桁の一部を取り出したい時に「取り出したい桁を１にした値との AND」を計算することがよくあります。その際、取り出したい桁に「1」を並べたものをビットマスクと呼びます。この考え方は、IP アドレスでのネットマスクを計算する際にも使われます。

ANDの計算ルール

入力		結果
A	B	A AND B
0	0	0
0	1	0
1	0	0
1	1	1

計算例

$$1010$$
$$AND) \, {}^{※}0011$$
$$0010$$

※で１になっている桁の値を取り出せる

TCP/IPで通信する
ための仕組み

この章では、TCP/IP にかかわる技
術のうち、ネットワークの本質的な
機能にかかわるものや、ミクロな視
点が必要なものを取り上げます。な
お特段の指定がないものはいずれも
IPv4 についての説明です。

01 MACアドレス

MACアドレスの概要

MAC アドレス（Media Access Control address）は、イーサネットなどのネットワークハードウェアに 1 つずつ割り当てられているアドレスで、原則として、他と重ならない唯一の値を持ちます。物理アドレスと呼ばれることもあります。イーサネットの MAC アドレスは、00 ～ FF までの十六進数で表した 6 つの値を、「-」（ハイフン）または「:」（コロン）で区切って表します。このうち、最初の 3 つの値が製造者を表すベンダー ID、4 つめの値が製品機種を表す機種 ID、末尾の 2 つの値がシリアル番号を表すシリアル ID として使われるのが一般的です。この構成から想像できるように、本来なら全てのネットワークハードウェアで MAC アドレスが異なるはずですが、実際には MAC アドレスを自由に書き換えられる製品もあり、**個体ごとに唯一のアドレスが使われていることは必ずしも保証されません。**

MACアドレスを使った情報転送

イーサネットなどのネットワークハードウェアは、通信相手を特定するために MAC アドレスを使います。昔のイーサネット（10BASE-2、10BASE-5 など）では、1 本の同軸ケーブルに複数のコンピューターをつなぎ、そこに宛先を示す MAC アドレスをつけたイーサネットフレームを流し、各コンピューターが受信して、自分の MAC アドレス宛てだったらそれを処理する、という方式を採っていました。一方、**現在主流のイーサネット（100BASE-TX、1000BASE-T など）は、LAN ケーブルでハブ／スイッチに各コンピューターを接続して使用します。**この形態では、ハブ／スイッチが、どのポートにどの MAC アドレスを持つコンピューターが接続されているかを記憶しています。ハブ／スイッチにイーサネットフレームが届いたら、まずその MAC アドレスを調べます。次に、記憶している対応情報（MAC アドレステーブル）から、その MAC アドレスを持つ機器が接続されているポートを特定します。そして、そのポートへイーサネットフレームを送出します。

プラス1 ハブ／スイッチにおいて、データの宛先 MAC アドレスが MAC アドレステーブルに未登録の場合は、受信ポート以外の全てのポートにそれを送出します。これをフラッディングといいます。

● MACアドレスの構成（典型例）

AA-BB-CC-DD-EE-FF

ベンダー ID　　　　　機種ID　　　シリアルID

ベンダー IDは製造者に割り
当てられる番号

機種IDで機種を特定し、その機種の中で順にシリアル
IDを割り当てることが想定されている

● 古いイーサネットでのMACアドレスの使い方

全員に同じデータを送り、MACアドレスが自
分宛ての場合のみ受信、そうでなければスルー
する仕組みでデータを届けます。

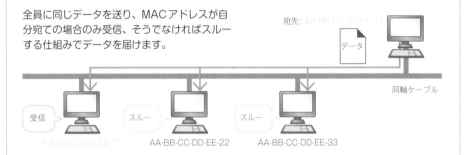

同軸ケーブル

● 現在のイーサネットでのMACアドレスの使い方

どのポートにどのMACアドレスの機器がつながっているかを覚えておき、その機器だけに送り
ます。

MACアドレステーブル

ポート1　AA-BB-CC-DD-EE-11
ポート2　AA-BB-CC-DD-EE-22
ポート3　AA-BB-CC-DD-EE-33
ポート4　AA-BB-CC-DD-EE-44

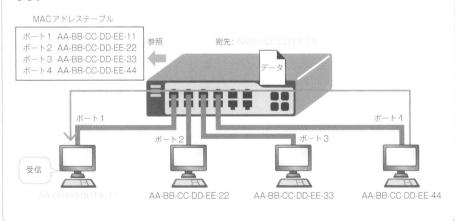

02 ARPが必要なわけ

ARP が使われる場面

　イーサネットのハードウェア同士は、MAC アドレスにより通信相手を指定しますが、TCP/IP の通信では相手の指定に IP アドレスを使います。そのため、この両者を対応づける仕組みが必要です。IP パケットを相手に届けるため、コンピューターは IP アドレスの中のネットワークアドレスを見て、その転送先を決定します。この時、**転送先のネットワークアドレスが自分のものと同じであれば、その相手は自分と同じネットワークにあり、イーサネットなどで物理的につながっていると判断できます**。このように判断したら、コンピューターは続いて IP アドレスから MAC アドレスを導き出す動作を実行します。また、**相手が別のネットワークにある場合は、その IP パケットを次のルーターに引き渡さなければなりません**。この時は、ルーターの IP アドレスからルーターの MAC アドレスを得る必要があります。これらの動作に **ARP**(Address Resolution Protocol) と呼ばれるプロトコルが使われます。ARP により IP アドレスから MAC アドレスを得た後は、コンピューターはその MAC アドレスを宛先に指定したイーサネットフレームを使って、IP パケットを相手コンピューターに送り届けます。

ARP の動作概要

　ARP には**ブロードキャスト**（2-14 節）が使われます。IP アドレスから MAC アドレスを求めたいコンピューターは、ネットワークに対して「IP アドレス xxx.xxx.xxx.xxx を使っているコンピューターはありませんか？」との問い合わせをブロードキャストします。これを **ARP リクエスト**といいます。ブロードキャストなので、ARP リクエストは物理的につながっている全コンピューターに届きます。各コンピューターはそれを自分の IP アドレスと比較して異なっていれば無視します。一方、同じ IP アドレスを使っているコンピューターは、自分が使っている旨を返答します。これを **ARP リプライ**といいます。ARP リプライは、ARP リクエストを発したコンピューターに向けて直接返送します。この返信の送信元アドレスには自分の MAC アドレスが入るため、相手は応答したコンピューターの MAC アドレスを知ることができます。

● ネットワークアドレスが同じコンピューターにIPパケットを送る時

IPアドレス ： 192.168.1.128
ネットマスク ： 255.255.255.0
ネットワークアドレス ： 192.168.1.0

IPアドレス ： 192.168.1.23
ネットマスク ： 255.255.255.0
ネットワークアドレス ： 192.168.1.0

192.168.1.23に
データを送りたい

IPパケットを送りたい相手と自分のネットワークアドレスが同じなら、相手は物理的に同じネットワークにつながっていると判断できる

→ ARPでMACアドレスを調べ、そのMACアドレスに宛てたイーサネットフレームで直接送り届ける

● ARPの動作イメージ

IPアドレス xxx.xxx.xxx.xxx
を使っているコンピューターは
ありませんか？

① 知りたいIPアドレスを含めたARPリクエストをブロードキャスト

ブロードキャスト

ARPリクエスト

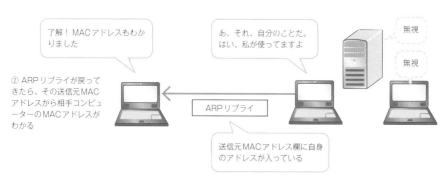

了解！MACアドレスもわかりました

あ、それ、自分のことだ。
はい、私が使ってますよ

無視

無視

② ARPリプライが戻ってきたら、その送信元MACアドレスから相手コンピューターのMACアドレスがわかる

ARPリプライ

送信元MACアドレス欄に自身のアドレスが入っている

関連用語： IPアドレス ▶ P.56　MACアドレス ▶ P.78　ネットワークインタフェース層 ▶ P.44
ブロードキャスト ▶ P.66

3
TCP/IPで通信するための仕組み

03 可変長サブネットマスクと CIDR

■ 可変長サブネットマスク

2-13 節では全てのサブネットについて、ネットワーク部の長さ、つまりサブネットマスクを同一にした例を紹介しました。このサブネットマスクは、実は、サブネットごとに長さを変えることができます。その技術を**可変長サブネットマスク**(VLSM: Variable Length Subnet Masking) と呼びます。サブネットマスクの長さを自由に変えられるということは、**サブネットごとに接続するコンピューター数を柔軟に決められる**ことを意味します。例えば、192.168.1.0/24 (サブネットマスクが 24 ビット) の IP アドレスを使って 3 つのサブネットを作る場合、可変長サブネットマスクを使えば、サブネットマスク長を 25 ビットと 26 ビットにすることで、最大 126 台、62 台、62 台の 3 つのサブネットを作ることができます (右図参照)。

■ CIDR

CIDR(Classless Inter-Domain Routing) は、可変長サブネットマスクをベースとする技術で、機能の点でも可変長サブネットマスクとよく似ていますが、もともと、少し違う使い方をするものです。ルーターが右ページの図のような接続関係にあるとします。これをルーターBから見た場合、ルーターAの先にある**3つのネットワークについて個別に転送ルールを定めるより、3つをひとまとめにして1つのルールにしてしまったほうが簡単です**。3つのネットワークアドレスをビット列にすると、左から 22 ビットめまでが共通で、残りの 2 ビットだけが違うことがわかります。このような場合、ルーター B では、共通の 22 ビットまでをネットワーク部とみなしてルーター A に転送すれば事足ります。このように、IP アドレスのクラスと無関係に、**ネットワーク部を短くみなすことで複数ネットワークへの転送を1つの転送ルールで済ませる技術**が、本来の CIDR です。昨今では、これ以外でも、IP アドレスのクラスに縛られず、ネットワーク部の長さ (=プレフィックス長) を自由に設定すること全般を CIDR と呼ぶことが多いようです。なお、IP アドレスなどの後に「/」とサブネットマスクのビット数 (プレフィックス長) を書く表記を **CIDR 表記**と呼びます。

プラス1 CIDR 表記は、IP アドレスに対して使う他に、ネットワークアドレスに対しても用いられます。

● 可変長サブネットマスクとは？

サブネット機能を利用すると、1つのネットワークを複数のサブネットに分割できますが……

この3つのサブネットを
作りたい！

50台

100台

50台

固定長サブネットマスクでは各サブネットで使えるコンピューター数が同一のため、それぞれで必要数が大きく違うケースでは無駄や不足が生じてしまいます。

可変長サブネットマスクを使えば、サブネットごとにコンピューター数を変えられます。

サブネットマスクをそれぞれ違う値にした例（/26などの意味はCIDR表記の説明を参照）

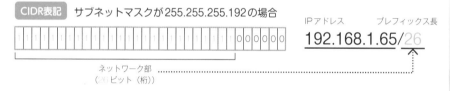

サブネット1	192.168.1.0	/25	192.168.1.0 ～ 192.168.1.127	最大 126台 ○
サブネット2	192.168.1.128	/26	192.168.1.128 ～ 192.168.1.191	最大 62台 ○
サブネット3	192.168.1.192	/26	192.168.1.192 ～ 192.168.1.255	最大 62台 ○

必要数に近い形に
割り振れる

最大接続台数は「ホスト部で表せる台数 -2」で計算できる。あるいは「2の（32-プレフィックス長）乗 -2」と計算してもよい。なお2を引くのは、ホスト部が全部0と全部1のアドレスが特別な目的に使われ、コンピューターに割り当てられないため

CIDR表記 サブネットマスクが255.255.255.192の場合

IPアドレス　　プレフィックス長
192.168.1.65/26

ネットワーク部
（26ビット（桁））

● CIDRとは

ネットワーク部を短くみなすことで、複数ネットワークに対する転送ルールをまとめる技術です。

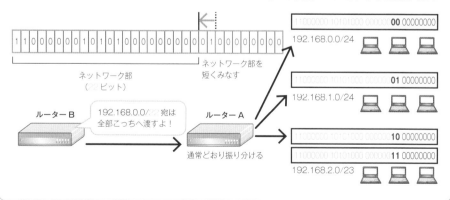

ネットワーク部
（22ビット）

ネットワーク部を
短くみなす

ルーターB

192.168.0.0/22 宛は
全部こっちへ渡すよ！

ルーターA

通常どおり振り分ける

11000000 10101010 00000000 **00** 00000000
192.168.0.0/24

11000000 10101010 00000001 **01** 00000000
192.168.1.0/24

11000000 10101010 00000010 **10** 00000000

11000000 10101010 00000011 **11** 00000000
192.168.2.0/23

04　ドメイン名

ドメイン名の概要

　数字の羅列でしかないIPアドレスは人間にとって覚えにくいものです。そのため、人間が扱う範囲では、ネットワーク上のコンピューターの名前として**ドメイン名**が使われます。インターネットのドメイン名は世界で唯一になるよう管理されており、その総本山となるのが **ICANN**（アイキャン）です。ICANNでは**トップレベルドメイン**（TLD：Top Level Domain）を管理しています。TLDはいくつかの種類に分けることができ、そのうち一般的に用いられるものに、分野別のgTLDと国別のccTLDがあります。各TLDは委任された**管理組織（レジストリ）**が実際の管理や運用を行います。例えば、.comや.netは、**VeriSign**（ベリサイン）という米国企業が、.jpは日本レジストリサービス（JPRS）という日本企業が管理しています。レジストリは、そのTLDを管理すると共に、そのためのDNS（5-08節）を運用します。ドメインを利用したい人の窓口になるのは**レジストラ**です。レジストラはレジストリと契約して、ドメインを登録したい人からの登録や変更の申請を受け付けます。また、このレジストラと契約するリセラと呼ばれる多くの組織もあり、やはりドメインを登録したい人からの登録や変更の申請を受け付けます。

各種のドメイン

　2000年ごろから、.info、.biz、.nameなどの新しい**gTLD**の利用が始まり、その後、特定業界向けのgTLD（sTLD）などが追加されました。さらに、地域名を付したgTLDや、企業名などの登録も可能になり、gTLDの数は急激に増えてきました。.jpドメインに目を向けると、現在、**汎用JPドメイン（.jp）**、**都道府県型JPドメイン（都道府県名.jp）**、**属性型JPドメイン**、**地域型JPドメイン名**が使われています。地域型は、市名.県名.jpなどの形式をとるものですが、あまり利便性が高くないことから、2012年3月末をもって新規登録を終了しており、都道府県型JPドメインがその後継に位置づけられています。

イメージでつかもう！

● ドメイン名登録の流れ

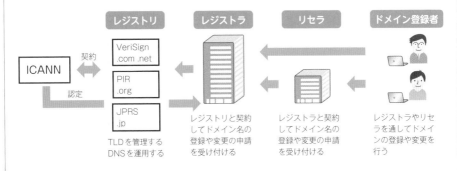

レジストリ	レジストラ	リセラ	ドメイン登録者

ICANN ──契約── VeriSign .com .net / PIR .org / JPRS .jp
認定

TLDを管理する
DNSを運用する

レジストリと契約
してドメイン名の
登録や変更の申請
を受け付ける

レジストラと契約
してドメイン名の
登録や変更の申請
を受け付ける

レジストラやリセ
ラを通してドメイ
ンの登録や変更を
行う

● ドメイン名の構造

www.example.com

```
トップレベルドメイン (TLD) ─┬ gTLD（分野別）… .com .net .orgなど
セカンドレベルドメイン (SLD) └ ccTLD（国別）… .jp .kr .cn .de .uk など
サードレベルドメイン
```

● 各種のドメイン

主なgTLD

.com	商取引を想定	古くからあるもの。誰でも使える
.net	ネットサービスを想定	
.org	その他組織を想定	
.edu	教育機関	古くからあるもの。特別用途向け
.gov	米国政府	
.mil	米軍	
.int	国際機関	
.info	情報サイトを想定	2000年ごろに使われ始めたもの。誰でも使える
.biz	ビジネス	
.name	個人名	
.aero	航空業界	2000年ごろに使われ始めたもの。特定業界向け
.museum	博物館、美術館	
.coop	生協	
.pro	専門家	
.tokyo	東京	地域名を用いたもの。誰でも使える
.osaka	大阪	
.nagoya	名古屋	
.google	会社名	企業などが登録したもの
.yahoo	会社名	

.jpドメイン

汎用JPドメイン	任意の文字列.jp
都道府県型JPドメイン	都道府県名.jp
属性型JPドメイン	.co.jp … 日本国内で登記した会社 .or.jp … 財団法人、社団法人、 　　　　協同組合など .ne.jp … 国内の提供者による 　　　　ネットワークサービス .ac.jp … 高等教育機関、研究機関 .ad.jp … JPNIC会員 .ed.jp … 小中高校など 　　　　初等中等教育機関 .go.jp … 政府機関、 　　　　独立行政法人など .gr.jp … 任意団体 .lg.jp … 地方公共団体や 　　　　それらのサービス
地域型JPドメイン	.市名.都道府県名.jp などの形式 ※2012年3月末をもって 新規登録終了

05 ルーティングと デフォルトゲートウェイ

■ ルーティングの動作イメージ

　ルーターによるパケットの転送は「ルーティング」と呼ばれます。ルーティングは、何をどこへ転送すればいいかを定めた転送ルールに従って行われており、その転送ルールを定めたものが**ルーティングテーブル**です。ルーティングテーブルには、「宛先のネットワーク」と「そのネットワークに対する配送の方法」が登録されています。

　ルーターはパケットを受け取ったら、**その宛先として示される IP アドレスにサブネットマスクを適用してネットワークアドレスを取り出します**。そして、ルーティングテーブルから、そのネットワークアドレスに関するルールを探します。ルールが見つかったら、そのルールに従って転送します。この転送処理を複数のルーターが繰り返すことで、パケットは目的のコンピューターまで届けられるのです。

■ デフォルトゲートウェイ

　このようなルーティングの仕組みは、ルーターだけでなく、実はパソコンにも搭載されています。しかし一般的な使い方をする分には、あまり意識されることはありません。ただ、**デフォルトゲートウェイ**は例外で、ネットワークを使用する大部分のパソコンで設定されています。デフォルトゲートウェイとは、自分が所属するネットワーク以外に宛てたパケットについて、どこへ送ればよいのか情報を持っていない時に送り届ける先です。平たく言えば**「送り先がわからない時にとりあえず送っておく先」**といえるかもしれません。パソコンから見ると、パケットのルーティングは全てルーターがやってくれるので、通常はこのデフォルトゲートウェイとして、そのネットワークの出入口となるルーターを指定します。なおパソコンに対するデフォルトゲートウェイの設定は、ネットワーク設定の一部として手動で行う場合と、DHCP（3-08 節）で自動的に行う場合があります。

プラス1 デフォルトゲートウェイが未設定でも、同じネットワーク内のコンピューターとは通信ができます。外部とは通信したくない場合など、わざと未設定にしておくこともあります。

● IPパケットはルーターが中継することで届けられる

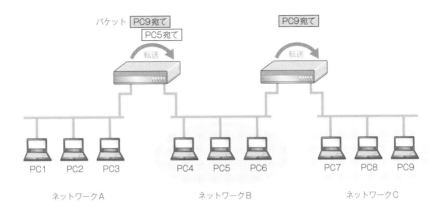

パケット PC9宛て
PC5宛て
転送

PC9宛て
転送

PC1 PC2 PC3　　　　PC4 PC5 PC6　　　　PC7 PC8 PC9

ネットワークA　　　　ネットワークB　　　　ネットワークC

3

TCP/IPで通信するための仕組み

● ルーティングはルーティングテーブルに沿って行う

パケットの宛先IPアドレスからサブネットマスクを使ってネットワーク
アドレスを取り出し、ルーティングテーブルと比較して転送先を決める

ルーティングテーブル

ネットワークC宛て
→ ②からルーターYへ
ネットワークB宛て
→ ②から直接配送
ネットワークA宛て
→ ①から直接配送

ルーティングテーブル

ネットワークA宛て
→ ①からルーターXへ
ネットワークB宛て
→ ①から直接配送
ネットワークC宛て
→ ②から直接配送

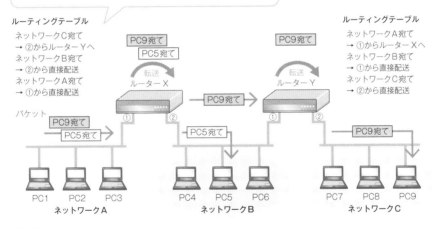

PC9宛て
PC5宛て
転送
ルーター X

PC9宛て →
転送
ルーター Y

パケット
PC9宛て
PC5宛て

PC5宛て

PC9宛て

PC1 PC2 PC3　　　　PC4 PC5 PC6　　　　PC7 PC8 PC9

ネットワークA　　　　**ネットワークB**　　　　**ネットワークC**

特に指定がないもの
→ ルーターXへ

ルーティンクテーブル

送り先がわからない場合にパケットを引き渡す先を
デフォルトゲートウェイまたはデフォルトルーター
と呼ぶ。パソコンでは通常必ず設定する

実際のルーティングテーブルではネット
ワークアドレスによりネットワークを指
定しています

関連
用語

DHCP ▶ P.92　サブネットマスク ▶ P.64　スタティックルーティング ▶ P.88
ダイナミックルーティング ▶ P.88　ルーター ▶ P.70

06 スタティックルーティングとダイナミックルーティング

■ ネットワーク構成が変わったらルーティングテーブルの更新が必要

　IPネットワークでは、パケットの転送を制御するルーティングテーブルがとても大きな役割を果たします。このルーティングテーブルは、一度登録したら未来永劫そのままでよいわけではありません。新しいネットワークが追加された場合など、ネットワークの接続状態が変わった時には、その変更に応じて、関連する各ルーターのルーティングテーブルを修正する必要が出てきます。

■ 全て手動で管理するスタティックルーティング

　では、一体誰がルーティングテーブルの面倒を見ればよいのでしょうか。1つの方法は、ネットワーク構成の変更が発生するたびに、関連するルーターなどのルーティングテーブルを手動で修正する方法です。手動で修正しない限りルーティングテーブルの内容が変わらないこのスタイルを**スタティックルーティング**と呼びます。スタティックルーティングは、ネットワーク全体の規模がごく小さい時や、構成の変更がほとんどない時には手軽な方法です。しかしそうでない場合は、ネットワークの構成変更により影響を受けるルーターを探し出して、必要な転送ルールを間違いや抜けなく登録する必要があります。これは結構大変です。

■ ルーター同士がルート情報を交換しあうダイナミックルーティング

　もう1つの方法は、ネットワークの接続ルートに関する情報をルーター同士が定期的あるいは必要に応じて交換しあい、それに基づいてルーティングテーブルを自動管理する**ダイナミックルーティング**と呼ばれる方法です。例えば新しいネットワークがつながると、そのネットワークの入口となるルーターが、隣接する各ルーターに新しいネットワークの情報を伝えます。受信したルーターは、必要に応じて、その新しいルートの情報を自分の隣接ルーターに伝えます。このような方式で、新しくつながったネットワークの情報を自動的に拡散し、各ルーターがそれに必要なルール（経路情報）をルーティングテーブルに設定します。

● ルーティングテーブルの面倒は誰が見る？

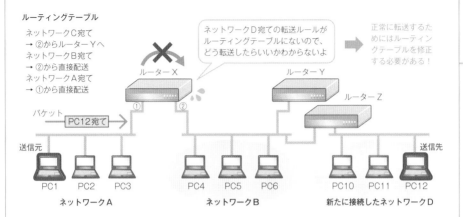

ルーティングテーブル

ネットワークC宛て
→ ②からルーターYへ
ネットワークB宛て
→ ②から直接配送
ネットワークA宛て
→ ①から直接配送

ネットワークD宛ての転送ルールが
ルーティングテーブルにないので、
どう転送したらいいかわからないよ

正常に転送するた
めにはルーティン
グテーブルを修正
する必要がある！

ルーターX　　　　　ルーターY

ルーターZ

パケット　PC12宛て

送信元　　　　　　　　　　　　　　　　　　　　　　　　　　　　送信先

PC1　PC2　PC3　　　PC4　PC5　PC6　　　PC10　PC11　PC12

ネットワークA　　　　　ネットワークB　　　新たに接続したネットワークD

ルーティングテーブルの管理の仕方には、大きく2種類のスタイルがあります。

スタティックルーティング

ルーティングテーブルは固定されている。ネットワーク構成が変わったら手動でルーティングテーブルを変更する

ダイナミックルーティング

ルーティングテーブルは動的に変わる。ネットワーク構成の変更は自動的にルーティングテーブルに反映される

● ダイナミックルーティングの動作イメージ

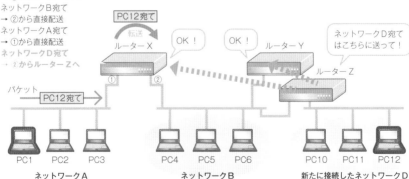

ルーティングテーブル

ネットワークC宛て
→ ②からルーターYへ
ネットワークB宛て
→ ②から直接配送
ネットワークA宛て
→ ①から直接配送
ネットワークD宛て
→ ②からルーターZへ

PC12宛て
転送

OK！　　　OK！　　ルーターY

ネットワークD宛て
はこちらに送って！

ルーターX　　　　　　　　　　　　　　　ルーターZ

パケット　PC12宛て

PC1　PC2　PC3　　　PC4　PC5　PC6　　　PC10　PC11　PC12

ネットワークA　　　　　ネットワークB　　　新たに接続したネットワークD

07 ルーティングプロトコル

■ ルーティングプロトコルとは

　ルーティングテーブルを動的に書き換えるダイナミックルーティングで用いるプロトコルを、ルーティングプロトコルと呼びます。ルーティングプロトコルの働きには、(1) ルーター同士で経路情報を交換する、(2) 集めた経路情報から最適な経路を選び出す、といったものが挙げられます。ここに出てくる「最適な経路」とは、同じネットワークにたどり着くのに複数の通り道がある場合に、よりベターな経路、という意味です。これは複雑なネットワークで発生する問題で、最適な経路の選択はルーティングプロトコルにとって重要なテーマの1つです。ルーティングプロトコルには、大きく分けて、IGP（Interior Gateway Protocol）と EGP（Exterior Gateway Protocol）があります。定められた単一の方針に沿ってルーティングを行う、プロバイダーや大企業くらいの大規模なネットワークを AS（Autonomous System：自律システム）と呼びますが、IGP はこの AS の中のルーティングに利用し、EGP は主に AS 間でのルーティングに利用します。

■ IGP と EGP の種類

　AS 内で経路情報をやりとりするために使う IGP には、RIP/RIP2（Routing Information Protocol）、OSPF（Open Shortest Path First）などがあります。RIP/RIP2 は小規模なネットワークで使われるもので、導入や運用が簡単というメリットがある半面、変更が反映されるのに時間がかかる、経路を選ぶ時に通信速度などが考慮されない、などの弱点もあります。もう1つの OSPF は、主に中規模以上のネットワークで使われます。RIP/RIP2 の持つ弱点が解消されており、より多くの機能を備えています。その分、導入や運用にかかる手間は増えがちで、安価な機器では対応しないものがあります。AS 間で経路情報のやりとりに使う EGP の代表格には、BGP（Border Gateway Protocol）が挙げられます。BGP では、途中で通過する AS の一覧をはじめとする、いくつかの情報を基にして、あるネットワークにたどり着くまでの最適な経路を選択します。

プラス1　インターネットで常に世界中の人とコミュニケーションできるのは、この BGP によって地球規模で正常なルーティングが維持されているからに他なりません。

● 最適な経路の選択が必要な理由

あるネットワークまでの経路が複数ある場合にベターなほうを選ぶことも、ルーティングプロトコルの仕事の1つです

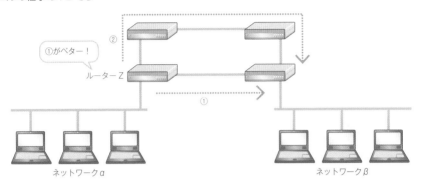

● 最適な経路を選択するには？

> (1)単純に通過するルーターの数の少ないほうを選ぶ……RIP/RIP2など
>
> (2)途中で通過するネットワークの速度なども考慮して選ぶ……OSPF

● AS内はIGPで、AS間はEGPで経路情報を交換する

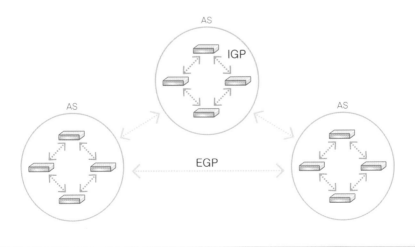

08 DHCP

■ DHCP は自動でネットワーク設定を行う仕組み

DHCP（Dynamic Host Configuration Protocol）は、ネットワークに接続したコンピューターに対して、**必要なネットワーク設定情報を自動的に配布するための仕組みです**。使用するためには、コンピューターに DHCP クライアント機能が搭載され、ネットワークに DHCP サーバーが設置されている必要があります。DHCPで設定できる主な情報としては、コンピューターの IP アドレス、サブネットマスク、デフォルトゲートウェイ、DNS サーバーの IP アドレスなどがあり、コンピューターをネットワークに接続するのに必要な情報は、ほぼカバーされています。なお小規模オフィスや家庭で用いるルーターの多くは DHCP サーバー機能を備えているため、わざわざ DHCP サーバーを用意しなくても、DHCP による自動ネットワーク設定を利用できます。

■ DHCP の動作の流れ

DHCP は、まだコンピューターに IP アドレスなどのネットワーク設定がされていない時点で使用するため、IP アドレスを指定して行う通常の通信は利用できません。そのため、ここでは**ブロードキャスト**を上手に使って DHCP サーバーとやりとりします。DHCP クライアントはまず、ネットワークに対して「**DHCP ディスカバー**」メッセージをブロードキャストします。これはネットワークにある DHCP サーバーに対して IP アドレスの割り当てを呼びかける意味があります。それを受信した DHCPサーバーは、設定情報の候補を決め、「**DHCP オファー**」メッセージを送り返します。この返送では通常、先のブロードキャストに含まれていた DHCP クライアントのMAC アドレスを取り出して、そこに対して 1 対 1 の通信を行います。設定情報を受け取った DHCP クライアントは、受け取った候補の内容を確認し、「**DHCP リクエスト**」メッセージをブロードキャストしてそれを使うことを DHCP サーバーに伝えます。それを受け取った DHCP サーバーは割り当てが確定したと判断し、割り当て状況を記録すると共に、「**DHCP アック**」メッセージをクライアントに返送します。

プラス1 ▶ DHCP の通信手順でクライアントが DHCP リクエストをブロードキャストするのは、ネットワークに複数の DHCP サーバーがある場合を考慮しているためです。

イメージでつかもう！

● DHCPがあればネットワーク設定を自動化できる

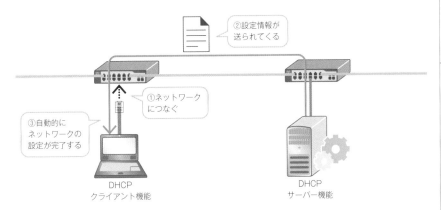

②設定情報が送られてくる

①ネットワークにつなぐ

③自動的にネットワークの設定が完了する

DHCP
クライアント機能

DHCP
サーバー機能

● DHCPサーバーとDHCPクライアントの対話で設定が完了する

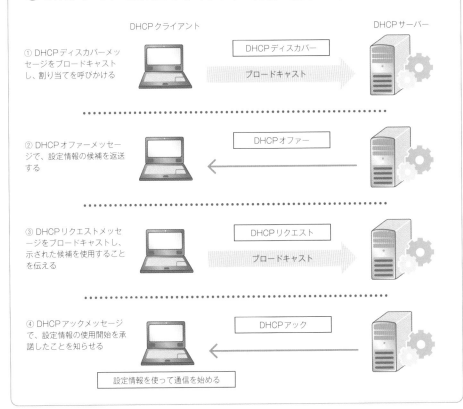

DHCPクライアント

DHCPサーバー

① DHCPディスカバーメッセージをブロードキャストし、割り当てを呼びかける

DHCPディスカバー

ブロードキャスト

② DHCPオファーメッセージで、設定情報の候補を返送する

DHCPオファー

③ DHCPリクエストメッセージをブロードキャストし、示された候補を使用することを伝える

DHCPリクエスト

ブロードキャスト

④ DHCPアックメッセージで、設定情報の使用開始を承諾したことを知らせる

DHCPアック

設定情報を使って通信を始める

関連
用語

DNSサーバー ▶ P.178　プライベートIPアドレス ▶ P.60　サブネットマスク ▶ P.64
デフォルトゲートウェイ ▶ P.86　ブロードキャスト ▶ P.66

09 NATとNAPT

■ アドレス変換の必要性

　オフィスや家庭のネットワークでプライベート IP アドレスを使う場合、考慮しなければならないのがインターネットとの接続です。インターネットに接続するコンピューターは、**自分自身を示す IP アドレスとして、世界で唯一のグローバル IP アドレスを使わなければなりません。** このようなケースでは、**アドレス変換**という方法を用いて、インターネットと通信できるようにしてやります。NAT と NAPT の大きく2つの方法があり、通常はインターネットとの境界点となるルーターがこれを行います。

■ NAT の動作

　NAT(Network Address Translation)は、いくつかのグローバル IP アドレスをルーターに割り当てておき、LAN 内のコンピューターがインターネットにアクセスする時に、そのいずれかを使って通信する方法です。LAN 内からインターネットに IP パケットを転送する時、プライベート IP アドレスをグローバル IP アドレスに付け替えます。この方法では、インターネットへ同時にアクセスできるコンピューターの台数が、**ルーターの持つグローバル IP アドレスの数**で制限されます。

■ NAPT の動作

　NAPT(Network Address Port Translation)は、IP アドレスの変換と同時にポート番号も変換することで、1つのグローバル IP アドレスを複数のコンピューターで共用可能にする技術です。一般家庭や小規模オフィスなどのインターネット利用で広く使われています。TCP/IP などの通信では、パケットの中に、相手の IP アドレス、ポート番号の他に、自分の IP アドレス、ポート番号が書き込まれています。インターネットに送出する時に、この自分の IP アドレスとポート番号の組み合わせを、**ルーターのグローバル IP アドレスとルーターが管理するポート番号**の組み合わせに付け替えます。これで、ルーターが1つのグローバル IP アドレスしか持たない場合でも、LAN 内にある複数のコンピューターが同時にインターネットのコンピューターと通信できるようになります。

● NATの動作イメージ

プライベートIPアドレスと、ルーターがプールしているグローバルIPアドレスを、1対1で対応させます。グローバルIPアドレスを使い果たしたらそれ以上はつなげません。

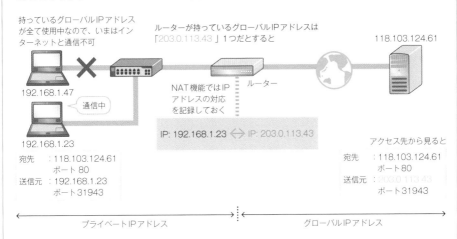

● NAPTの動作イメージ

ポート番号を利用して、複数のプライベートIPアドレスと1つのグローバルIPアドレスを対応させます。

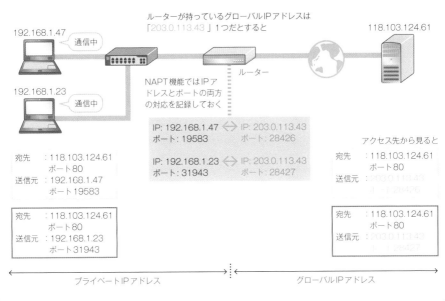

関連
用語　グローバルIPアドレス ▶ P.60　プライベートIPアドレス ▶ P.60　ポート番号 ▶ P.58

TCP/IP の動作確認に用いる
各種の便利なコマンドたち

　TCP/IP に関する設定がコンピューターにうまく反映されているかどうか
は、コンピューターに内蔵されているコマンドで確認することができます。
Windows はコマンドプロンプトを開いて、Linux は何らかのシェルで、それ
ぞれのコマンドを実行します。

　「ping」コマンドは、指定したコンピューターまで IP で通信できるかどうか
確認するコマンドです。指定したコンピューターに ICMP ECHO リクエスト
を送り、ICMP ECHO リプライが返ってきた場合は往復の所要時間を、エラー
が起きた場合はそのエラーを表示します。エラーになる場合、ネットワークイ
ンタフェースが動作していない、ケーブルが物理的に断線している、ハブやス
イッチが動作していない、ルーターが動作していない、ルーティングテーブル
異常、などの原因が考えられます。

　「nslookup」コマンドと「dig」コマンドは、DNS に名前解決（5-08 節参照）
をさせて、DNS が正しく動作するかを確認するコマンドです。ドメイン名を
与えた場合は IP アドレスが、IP アドレスを与えた場合はドメイン名が、それ
ぞれ返ってきます。名前解決が正常に動作しない場合、DNS サーバーの指定
が間違っている、DNS サーバーまで IP で通信できない、DNS サーバーが未
設定またはおかしい、などの原因が考えられます。

確認する項目	Windows のコマンド	Linux のコマンド（いずれか）
指定コンピューターと IP で通信できるか	ping コンピューター名	ping コンピューター名
名前解決が正しく動作するか	nslookup コンピューター名	dig コンピューター名 (*1)
		dig -x IP アドレス
		nslookup コンピューター名
指定コンピューターまでに経由するルーター	tracert コンピューター名	traceroute コンピューター名
IP アドレスや MAC アドレスの値	ipconfig /all	ip a
		ifconfig -a
ルーティングテーブルの設定状況	route print	ip r
		route

(*1) 以外のコンピューター名には IP アドレスを指定してもよい

ネットワーク機器と
仮想化

この章では、ネットワークで中核的
な役割を果たす機器にスポットを当
て、それぞれの役目や働き、類似す
る他の機器との関係を取り上げま
す。また、いよいよ身近になってき
た仮想化技術の世界にも触れます。

01 イーサネットの機能と構成

■ イーサネット規格の概要

イーサネットは世界中で幅広く利用されているネットワーク（ハードウェアと通信方式）の規格です。今日、コンピューターに搭載されている有線のネットワークインタフェースは、ほぼ100%がイーサネットといってよいでしょう。

イーサネットには、通信速度と通信媒体が異なる複数の規格があります。代表的な規格には、10BASE-T、100BASE-TX、1000BASE-T、10GBASE-Tなどがあり、「BASE」より左の数字が **Mbps** や **Gbps**（bpsはビット毎秒の意味）で表した通信速度を、右端のTまたはTXは**銅のより対線**（2本の線をより合わせたもの）を使用することを意味します。

イーサネットでコンピューターをネットワークに接続するには、コンピューターのLANポートとハブ／スイッチのポートをLANケーブルで1対1に接続します。こうすることで、ハブ／スイッチが、適宜、送信先のポートにフレームを転送してくれます。また、ハブ／スイッチのポートに別のハブ／スイッチを接続することもできます。このように**ハブ／スイッチを何段も接続することを、カスケード接続**といいます。

なお、LANケーブルにも規格があり、**カテゴリー**（CAT）という形で表されます。

■ イーサネットでの転送の仕組み

イーサネットでは、情報を小分けして**フレーム**と呼ばれる形にし、それを電気信号や光信号に変換して、通信媒体に送り出します。このフレーム形式にはいくつかの種類があるのですが、このうちTCP/IPで用いられるイーサネットII（DIX仕様）では、1つのイーサネットフレームに最大で1,500バイトのデータを含めることができます。1,500バイト以上のデータは、このフレームを複数回繰り返して送ります。

古いイーサネットでは、1本の太いケーブルに複数のコンピューターをつなぎ、それぞれ他機が送信していないことを見計らって、イーサネットフレームをケーブルに流す、といった処理をしていました。しかし、現在はコンピューターとハブ／スイッチを1対1で接続するのが主流になり、このような処理が登場する機会はほとんどなくなりました。

● イーサネットでコンピューターをネットワークに接続するには

ハブ／スイッチ内部で、宛先コンピューターがつながっているポートに、イーサネットフレームを転送してくれる

コンピューターのLANポートとハブ／スイッチのLANポートを、適合するLANケーブルで1対1に接続

転送

ハブ／スイッチ

LANケーブルは通信方向（ハブ／スイッチ→PCおよびその逆）によって異なる心線を使うため、送信と受信を同時に行える（全二重）

イーサネットの規格と適合ケーブル　(※) 使用するケーブルは、一般によく用いられるものを示している。ケーブル長が短いなどの条件下では、一部、より低いカテゴリーのケーブルを使える場合もある

規格名	通信速度	使用するケーブル（※）	ケーブル1本あたりの最大長
10BASE-T	10Mbps	カテゴリー3以上	100m
100BASE-TX	100Mbps	カテゴリー5以上	100m
1000BASE-T	1,000Mbps（＝1Gbps）	カテゴリー5e以上	100m
2.5GBASE-T	2.5Gbps	カテゴリー5e以上	100m
5GBASE-T	5Gbps	カテゴリー6以上	100m
10GBASE-T	10Gbps	カテゴリー6A以上	100m

● イーサネットⅡ（DIX仕様）のフレーム構成

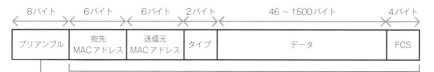

8バイト	6バイト	6バイト	2バイト	46～1500バイト	4バイト
プリアンブル	宛先MACアドレス	送信元MACアドレス	タイプ	データ	FCS

イーサネットフレーム（64～1518バイト）

送信開始を表すマーク。信号の同期を取るなどの目的でハードウェアが送出する。中身は7回の10101010bと1回の10101011b。その後、イーサネットフレームが始まる

宛先MACアドレス	宛先のネットワークカードのMACアドレス
送信元MACアドレス	送信元のネットワークカードのMACアドレス
タイプ	データで使われている上位プロトコル
データ	運びたいデータそのもの
FCS (Frame Check Sequence)	誤り検出のためのチェックコード

イーサネットⅡ（DIX仕様）以外にIEEE 802.3と呼ばれるフレーム形式があり、これと少し構成が異なります。ただし、TCP/IPでは使われませんので、ここでは省略します

「タイプ」の値と意味（一部抜粋）

0800h	IPv4	8100h	IEEE802.1Q
0806h	ARP	8137h	IPX
8035h	RARP	86DDh	IPv6
809Bh	AppleTalk	888Eh	IEEE802.1X

関連
用語　L2スイッチ ▶ P.100　LANケーブル ▶ P.184　MACアドレス ▶ P.78　フレーム ▶ P.54

4

ネットワーク機器と仮想化

02 L2スイッチ

■ スイッチという呼称について

　一般的に、ハブ、スイッチ、L2 スイッチは、ほとんど同じ意味で使われます。使い分けとして、イーサネットによる接続やその拡張といった単純な機能しかないものを「ハブ」、各種の管理機能や VLAN 機能などを持つ多機能なものを「スイッチ」と呼ぶことが多いようです。また、4-03 節で紹介する L3 スイッチと呼び分けたい場合などに、レイヤー 2 にあたるイーサネットのフレームを処理するだけのスイッチであることを明示した **L2 スイッチ**や**イーサネットスイッチ**という名称が使われます。

■ L2 スイッチの動作概要

　L2 スイッチは、受け取ったイーサネットフレームの宛先 **MAC アドレス**を調べ、その MAC アドレスを持つコンピューターが接続されているポートに、イーサネットフレームを送出します。これができるのは、ポートと MAC アドレスの対応を記録しているからで、このための一覧表を **MAC アドレステーブル**と呼びます。

　MAC アドレステーブルは、あるポートにつながっているコンピューターが、何らかのイーサネットフレームを L2 スイッチに送った時、それに含まれる送信元 MAC アドレスとポート番号の対応を記録することで作られます。

　ただし、コンピューターを L2 スイッチにつないだものの、まだ一度もイーサネットフレームを送信していない場合など、コンピューターの MAC アドレスが MAC アドレステーブルに登録されていないこともあります。未登録なコンピューター宛てのイーサネットフレームが届くと、L2 スイッチは**フレームが届いたポート以外の全てのポートにそのフレームを送出します**。この動作を**フラッディング**と呼びます。

　フラッディングの後、それを受け取ったコンピューターが何らかの返信のためにイーサネットフレームを L2 スイッチに送出すると、それに含まれる送信元 MAC アドレスとポート番号が MAC アドレステーブルに登録されます。以降、その MAC アドレス宛てのイーサネットフレームは、フラッディングをすることなく直接ポートへ届けられるようになります。

プラス1　L2 スイッチは、宛先 MAC アドレスが MAC アドレステーブルに未登録の場合のほか、ブロードキャストやマルチキャスト（2-14 節）についてもフラッディングします。

● L2スイッチの基本的な動作

L2スイッチは、宛先MACアドレスを見て、その機器がつながっているポートにデータを転送します。

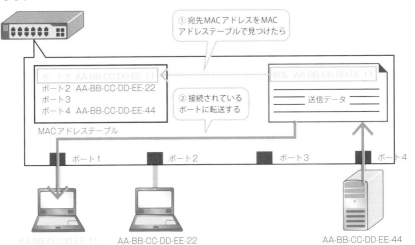

① 宛先MACアドレスをMACアドレステーブルで見つけたら

ポート1 AA-BB-CC-DD-EE-11
ポート2 AA-BB-CC-DD-EE-22
ポート3
ポート4 AA-BB-CC-DD-EE-44

MACアドレステーブル

② 接続されているポートに転送する

宛先 AA-BB-CC-DD-EE-11

送信データ

ポート1　ポート2　ポート3　ポート4

AA-BB-CC-DD-EE-11　AA-BB-CC-DD-EE-22　AA-BB-CC-DD-EE-44

● MACアドレステーブルにない宛先の場合はフラッディングする

宛先となる機器の接続ポートがわからないときは、全てのポートにデータを転送します。

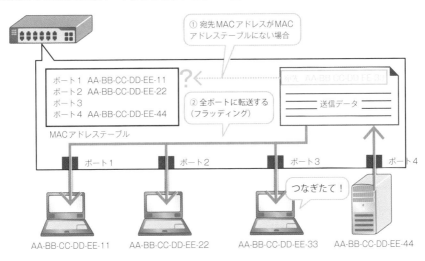

① 宛先MACアドレスがMACアドレステーブルにない場合

ポート1 AA-BB-CC-DD-EE-11
ポート2 AA-BB-CC-DD-EE-22
ポート3
ポート4 AA-BB-CC-DD-EE-44

MACアドレステーブル

② 全ポートに転送する（フラッディング）

宛先 AA-BB-CC-DD-EE-33

送信データ

ポート1　ポート2　ポート3　ポート4

つなぎたて！

AA-BB-CC-DD-EE-11　AA-BB-CC-DD-EE-22　AA-BB-CC-DD-EE-33　AA-BB-CC-DD-EE-44

関連用語　MAC アドレス ▶ P.78　L3 スイッチ ▶ P.102　VLAN ▶ P.106
イーサネット ▶ P.98　ハブ／スイッチ ▶ P.68

03 L3スイッチとルーター

▋ L3 スイッチの概要

　L3 スイッチは、その名のとおりレイヤー 3、つまり IP のパケットを処理するスイッチです。IP のパケットを処理するものとしては、他にルーターがありますが、ルーターと L3 スイッチは、基本的に同じ処理を行えるものと考えて差し支えありません。

　L3 スイッチは、**VLAN**(4-05 節) により 1 つのスイッチ中に作った仮想的なネットワーク同士を接続したい、というニーズに応えるため、L2 スイッチにルーター機能を詰め込む形で生まれました。そのため、L2 スイッチと同様に、多くの LAN ポートを持つのが普通です。一方、ルーターはあまり多くの LAN ポートを持たないものが一般的でしたが、最近では必ずしもそうとはいえなくなっています。また、ルーターはソフトウェア処理中心、L3 スイッチはハードウェア処理中心、といった分類もありますが、近年ではルーターのハードウェア処理が進むなど、この点でも両者の違いは少なくなっています。

　その他に、**L4 スイッチ**と呼ばれるものもあります。これはレイヤー 4、つまり TCP や UDP の世界でパケットを振り分ける機能を持つものです。そのうち負荷分散を目的とするものはロードバランサーと呼ばれます。ロードバランサーについては 5-12 節を参照してください。

▋ L3 スイッチとルーターの守備範囲

　L3 スイッチは多くの LAN ポートを持つため、たくさんの端末が設置されるネットワークの末端に近い部分でも利用しやすいという特徴があります。ただし、**L3 スイッチが故障すると、ルーティング機能とスイッチ機能の両方が失われる**ことになります。万一故障した時のことを事前に検討して、対策を取っておく必要があるでしょう。

　他方、あまり多くの LAN ポートを持たないルーターは、その性能や機能に応じて、ネットワークの基幹部分に使われたり、スイッチと併用してネットワークの末端に近い部分に使われたりします。ルーターは、搭載されている WAN 回線インタフェースの種類が多かったり、オプションなどを豊富な選択肢から選べたりするものが多く、特殊な WAN 回線を使用する場合などにはルーターが不可欠といえます。

● L3スイッチとは

L3スイッチは、ルーター機能を内蔵したスイッチです。

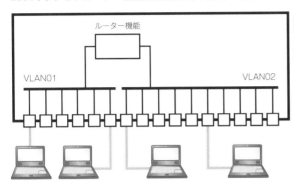

ルーター機能

VLAN01　　　　　　　　　　　　　　　　　　　　　VLAN02

> スイッチ内に作ったVLAN同士をつなぐため、スイッチにルーター機能を詰め込んだのがL3スイッチの始まり

4

ネットワーク機器と仮想化

L2～L4スイッチのデータ振り分け条件の違い

L2スイッチ	イーサネットのMACアドレスを見て振り分ける
L3スイッチ	IPのIPアドレスを見て振り分ける
L4スイッチ	TCPやUDPのポート番号などを見て振り分ける

● ルーターとL3スイッチの使い分け

ネットワークの末端に近い部分	ネットワークの基幹やWANに近い部分

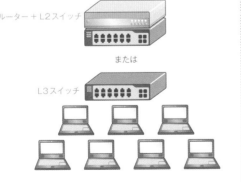

ルーター＋L2スイッチ

または

L3スイッチ

ルーター

04 無線LAN

無線 LAN の特徴と弱点

　無線 LAN（ラン）は、LAN ケーブルの代わりに無線を使ってネットワークに接続する技術です。無線 LAN の主要な機能を提供する親機と、それに接続する子機で構成されます。子機は通常、ノート PC やスマートフォンでは内蔵されていて、デスクトップ PC では内蔵または外付けで用意します。相互接続性（機器同士が確実に接続できること）の試験に合格した機器には Wi-Fi（ワイファイ）認証が与えられます。

　電波を使用することから、LAN ケーブルを使用する有線 LAN より、安定性や速度の点で見劣りします。その一方で、ケーブル接続の手間なく利用でき、電波が届く範囲なら自由に移動できることなどから、家庭やオフィスまた公共スペースなどでの手軽にネットワークを利用したいシーンで採用が進んでいます。

　一般に無線 LAN は、**有線 LAN よりもセキュリティが弱くなる**といわれています。これは物理的な接続なしに、目に見えない電波によって接続ができてしまうためです。この弱点をカバーするため、企業のネットワークなど部外者の接続を決して許してならない用途には、**IEEE 802.1X**（アイトリプルイー）と呼ばれる厳密な認証を行う仕組みを併用します。

無線 LAN の方式

　無線 LAN には、通信方式（速度、使用周波数帯など）の違いによって、いくつかの規格があります。これらのうち、現在多く用いられているのが、**IEEE 802.11n**、**IEEE 802.11ac**、**IEEE 802.11ax** です。各規格を用いた製品が Wi-Fi 認証に合格すると Wi-Fi 4、Wi-Fi 5、Wi-Fi 6 の名称が使われます。無線 LAN では通常、第三者の盗聴に備えて通信内容を暗号化します。暗号化に関する古い規格である WEP は、多くの脆弱性が見つかっているため、もう使うべきではありません。近年使われるのは、**WPA2**、**WPA3** といった規格で、これらに **AES** と呼ばれる強い暗号アルゴリズムを併用します。最も推奨されるのは WPA3 です。

　無線 LAN は本来、有線接続におけるハブ／スイッチと同等の機能（ブリッジ機能）を提供するものです。しかし、無線 LAN 親機の多くは、この他にルーター機能も内蔵しており、ブリッジ機能だけ使うかルーター機能も併用するかを切り替えられます。

● 無線LAN接続は有線LANの接続と同等

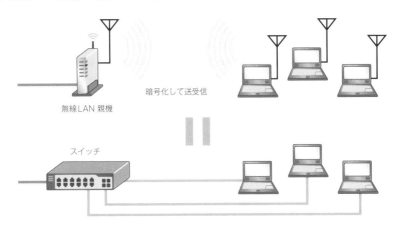

暗号化して送受信

無線LAN 親機

スイッチ

4
ネットワーク機器と仮想化

● 無線LANの主要な規格と特徴

規格名	通信速度	周波数帯	特徴	別称
IEEE 802.11b[※1]	11Mbps[※2]	2.4GHz 帯	古い規格であまり使われない	−
IEEE 802.11a	54Mbps	5GHz 帯	対応する機器が少なめ	−
IEEE 802.11g[※1]	54Mbps	2.4GHz 帯	ほぼ全ての機器が対応	−
IEEE 802.11n[※1]	600Mbps	2.4GHz/5GHz 帯	よく用いられる規格の1つ	Wi-Fi 4
IEEE 802.11ac	6.9Gbps	5GHz 帯	よく用いられる規格の1つで高速	Wi-Fi 5
IEEE 802.11ax	9.6Gbps	2.4GHz/5GHz 帯	新しい機器が対応。高速	Wi-Fi 6

※1 ほとんどの機器がIEEE 802.11b/g/nに対応している
※2 オプションで22Mbps

● 無線LANのセキュリティ方式と考え方

規格名	暗号化方式	考え方
WEP	WEP	脆弱なため使うべきでない
WPA[※1]	TKIP(またはAES[※3])	脆弱なため使うべきでない
WPA2[※1]	AES[※3](またはTKIP)	AESとの併用なら使えなくはない
WPA3[※2]	AES[※3]	使用が推奨される

※1 WPAとWPA2には、パーソナルとエンタープライズの2つのモードがある。パーソナルは暗号化に使用する鍵(パスワードのようなもの)を親機と子機にあらかじめ手動設定する。家庭などで利用するのはこちら。またエンタープライズは、IEEE 802.1Xの仕組みを使ってこれを自動配布する
※2 WPA3もまた、大きくパーソナルとエンタープライズの2つのモードがあり、その中にさらに細分化されたモードが含まれている。それぞれの考え方はWPA/WPA2と同様
※3 CCMPとも表記される(本来、TKIPに対応するのはCCMPだが、慣例でAESと書かれることが多い)

05 ポートベースVLANと タグベースVLAN

　イーサネットでは、スイッチを介してつながっているコンピューターが、1つのネットワークにつながっているとみなされます。そのようにして構成された**物理的には1つのネットワークを、論理的に複数のネットワークに分ける技術を**VLAN（Virtual LAN）と呼びます。例えば、営業部が入居するオフィスに、経理部も同居することになった時、LAN配線は既存のものを使いながら、営業部と経理部であたかも別の2つのLANがあるかのように使うことができます。なお家庭向けのハブやWi-Fiルーターには通常このようなVLAN機能は搭載されていません。

■ ポートベース VLAN

　ポートベース**VLAN**は、スイッチやルーターに搭載されているポートのいくつかをグループとして指定し、そのグループに属するポート群を独立した1つのLANのように見せる技術です。グループを複数作ることで、複数の論理的なLANを作ることができます。ポートベースVLANはスイッチやルーターにおいてLAN分割機能などと呼ばれることもあります。

■ タグベース VLAN

　タグベース**VLAN**は、1つのLANケーブルの中に複数のLANの情報を流す技術です。標準化された仕様は**IEEE 802.1Q**と呼ばれ、これに対応するスイッチやルーターなら機種を問わず広く利用できます。IEEE 802.1Qでは、イーサネットフレームの中にVLANの番号を表す情報（タグ）を埋め込むことで、1つのLANケーブルの中に流れる情報をVLANごとに区別します。

　タグベース**VLAN**は、ポートベース**VLAN**と組み合わせて使うのが一般的です。例えば、2つのスイッチが1つのLANケーブルで接続されていて、そこに2つのVLANを作るとします。この場合、まず各スイッチにポートベースVLANで2つのVLANを作ります。そして次に、それら各VLANの情報を、タグベースVLANによって他方のスイッチに送るよう設定すればOKです。

プラス1　VLANは便利な機能ですが、物理的な配線を見ただけではどのようなネットワーク構成になっているかわからないという難点もあります。

● VLANを使うと1つのLANの中に複数の論理的なLANを作れる

例えば、営業部のいるフロアに経理部が引っ越してきたので、VLANを使って2つの論理的なネットワークに分けるといった使い方をします。

経理部のネットワーク

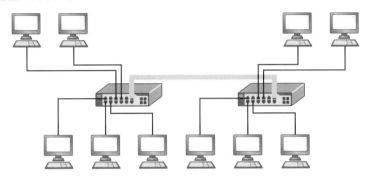

営業部のネットワーク

ポートベースVLAN

例えば、スイッチの左の4ポートはVLAN101、中ほどの4ポートはVLAN102と、分けることができます。同じスイッチであっても、それぞれは、完全に独立したネットワークとして動作します。

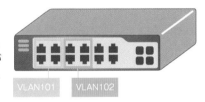

VLAN101　VLAN102

タグベースVLAN

タグベースVLANでは情報にVLAN番号を表すタグをつけて、それぞれを区別できる形にして送ります。受け取ったスイッチは、そのタグからどのVLANの情報かを識別します。

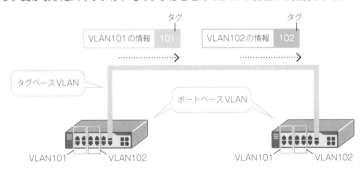

タグ　タグ
VLAN101の情報 101　VLAN102の情報 102

タグベースVLAN　ポートベースVLAN

VLAN101　VLAN102　VLAN101　VLAN102

06 VPNとトンネル技術

VPN とは

VPN(Virtual Private Network)は、**インターネットなど既存のネットワークの中に、新たに仮想的なネットワークを作る技術です**。企業での利用シーンとしては、比較的、規模が小さい営業所のネットワークをインターネット経由で本社のネットワークに参加させる(LAN 型)、出先からモバイル回線でオフィスのネットワークに接続する(リモート型)などが代表的です。

インターネットのように安全性が保証されないネットワークで VPN を使用する場合は、万一、盗聴などされた場合にも一定の機密性が保てるよう暗号化(6-02 節)を併用します。また、認められた接続元であるかどうかを確認する認証も必要です。このような処理を行い、かつ、インターネット混雑時はその影響も受けることから、インターネットを介した VPN 接続はやや通信速度が遅くなる傾向があります。

トンネル技術と認証

VPN において重要になるのが**トンネル技術**です。トンネルとは、**ある通信回線の中に作り出した、仮想的な通信回線**のことです。このようなトンネルを複数作ってやれば、1 本の通信回線を仮想的な複数の通信回線として利用できるようになります。

インターネットを使用する VPN では、**PPTP**(Point-to-Point Tunneling Protocol)、**L2TP**(Layer 2 Tunneling Protocol)といった**トンネルプロトコル**が使われます。これらはトンネルを作り出す機能を持ちますが、それを暗号化する機能は持っていません。そこで **IPsec**(Internet Protocol Security)などの暗号化プロトコルを併用して、トンネルを使った通信を暗号化することで機密性を保ちます。中でも IPsec と L2TP の組み合わせは、インターネットでの VPN によく用いられます。

IPsec には、暗号化のための鍵を交換するプロトコルである **IKE**(Internet Key Exchange protocol)、暗号化したデータをやりとりする **ESP**(Encapsulated Security Payload)、認証と改ざん検知を行う **AH**(Authentication Header)が用意されていて、これらを組み合わせて使用します。

プラス 1 セキュリティや通信速度を重視する用途では、インターネットとつながっていない、それ専用の IP ネットワークを使って VPN を利用することもあります。

● VPNのイメージ

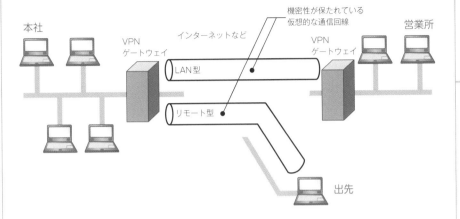

本社　　　　VPN　　インターネットなど　　　　VPN　　　　　営業所
　　　　　　ゲートウェイ　　　　　　　　　　ゲートウェイ

機密性が保たれている
仮想的な通信回線

LAN型

リモート型

出先

● トンネル技術で論理的な回線を作り出す

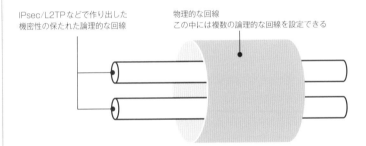

IPsec/L2TPなどで作り出した
機密性の保たれた論理的な回線

物理的な回線
この中には複数の論理的な回線を設定できる

● IPsecの主要な構成要素

IKE
Internet Key Exchange
protocol

暗号化のための暗号鍵を交換するプロ
トコル

ESP
Encapsulated Security
Payload

データを暗号化してやりとりする仕組
み

AH
Authentication Header

認証と改ざん検知を行う仕組み

07 仮想化

仮想化とは

仮想化とは、物理的なネットワークやコンピューターを使って、論理的なネットワークやコンピューターを作り出す技術のことです。

仮想化によって、1つの物理的な装置の中に複数の論理的な装置を作ったり、逆に、複数の物理的な装置を1つの論理的な装置に見せたりすることができます。

ネットワークの仮想化技術としては、例えば **VLAN**（4-05節）があります。VLANは、物理的に見ると1つしかないLANの中に、論理的に複数のLANを作り出す仮想化技術です。また、インターネット接続を使い、その上に論理的な専用回線を作るVPN技術（4-06節）も、仮想化技術の1つといえるでしょう。

仮想化のメリット

仮想化のメリットとして、物理的な装置の数や場所に制約されず機能を利用できること、装置の処理能力を有効活用できること、装置単体が持つ以上の処理能力を持たせられること、必要に応じてスケールアップ／ダウンしやすいこと、などが挙げられます。

普及が進む**クラウドコンピューティング**にも、この仮想化技術が使われています。この分野では、コンピューターそのものが仮想化されていて、画面操作で新しいコンピューターを作ったり、削除したりできます。作り出した論理的なコンピューターは、ネットワークを経由して操作します。

また、こうして作った論理的なコンピューターと、論理的なネットワークを接続して、物理的な装置の中に、論理的なコンピューターネットワークを築き上げるといった技術も、いま急速に発達して実用化が進んでいます。

プラス1 一般に、仮想化には「仮想化するための処理」が余分に必要ですが、それを上回るメリットがあるため、近年では多くのものが仮想化を取り入れ始めています。

● ネットワーク仮想化のイメージ

実際の接続

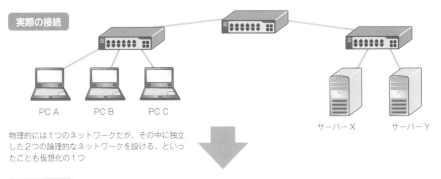

PC A　　　PC B　　　PC C

サーバー X　　　サーバー Y

物理的には1つのネットワークだが、その中に独立
した2つの論理的なネットワークを設ける、といっ
たことも仮想化の1つ

論理的な接続

PC A

PC B

PC C

VLAN

VLAN

サーバー X

サーバー Y

● 仮想化の2つの方向性

1つの物理的な装置の中に
複数の論理的な装置を作る

複数の物理的な装置をまとめて
1つの大きな論理的な装置に見せる

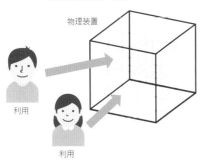

物理装置

利用

利用

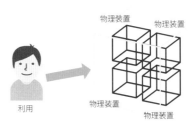

物理装置　　　物理装置

物理装置

物理装置

利用

・高い処理能力を持たせることができる
・必要に応じてスケールアップ／ダウンしやすい

・1台を複数台として利用できる
・処理能力を無駄なく有効活用できる

4

ネットワーク機器と仮想化

関連
用語　IPv4 over IPv6 ▶ P.114　VLAN ▶ P.106　VPN ▶ P.108　クラウド ▶ P.112

08 クラウド

■ クラウドとは

　登場当初は文字どおり「雲」をつかむような話にさえ感じられたクラウドですが、昨今は、新しいシステム構築・利用方式として定着しています。クラウドの特徴は、**「ユーザー自身が、Web 画面などを介して、コンピューター、ネットワーク、各種サービスを自由に組み合わせて必要なシステムやサービスを組み立て、それをネットワーク経由で利用できる」**という点です。物理的な機器を準備しなくても同等のものが用意できるのですから、考えてみると非常に不思議なシステムです。

　この背景には、仮想化技術が重要な役割を果たしています。仮想化されたコンピューターやネットワークは、あくまでもコンピューターの中に存在する論理的なものであるため、それらを接続するのに物理的な配線は使えません。代わりに、何らかのプログラムで両者がやりとりするデータを転送してやることになります。このようなことを Web 画面からコントロールできるようにしたものがクラウドだといえます。

■ クラウドの種類

　クラウドは大きく 3 つに分類できます。IaaS（Infrastructure as a Service）は、仮想化されたコンピューターやネットワークを作り出す仕組みです。外部から利用する限り物理的な装置と何ら変わりありませんが、実際にはサーバーの中に論理的なものとして作られます。論理的な存在なので、ユーザーが急増したら台数を増やすといった柔軟な対応が可能です。

　PaaS（Platform as a Service）は、コンピューター本体ではなく、呼び出して利用できる一定の機能（プログラム実行環境、データベース、ユーザーインタフェースなど）をサービス化して提供するものです。利用者はそれらを組み合わせて、自分用のシステムを作り上げます。

　SaaS（Software as a Service）は、完成したソフトウェアをネットワーク経由で提供するものです。例えば、電子メール、グループウェア、スプレッドシートなどをネットワーク経由で利用できます。

プラス1　SaaS（場合によっては PaaS の一部も含む）とほぼ同じ意味で使われる用語に ASP（Application Service Provider）があります。言葉としては ASP のほうが古くから使われています。

● クラウドとは？

クラウドは仮想化された装置やサービスをWeb画面などから自由に組み合わせて、ネットワーク経由で利用する仕組みです。

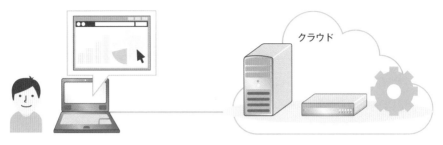

クラウド

● クラウドの種類

クラウドは大きく3つに分類できます。

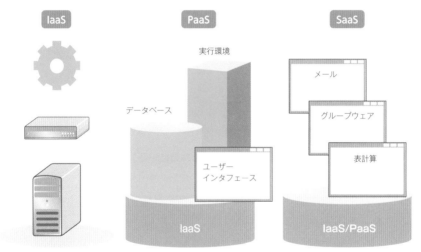

IaaS

PaaS

実行環境

データベース

SaaS

メール

グループウェア

表計算

ユーザーインタフェース

IaaS

IaaS/PaaS

仮想化されたコンピューターやネットワークを提供する

システムを作り上げるのに必要な各種の機能を提供する。基盤にはIaaSを用いる

ネットワーク経由でまとまったソフトウェアを提供する。基盤にはIaaSやPaaSを用いる

113

インターネットアクセスを速くする トンネル技術 「IPv4 over IPv6」

　このごろ「IPv6にするとインターネットが速くなる」と聞いて気になっている方が多いかもしれません。それを可能にする技術の1つにおいて、この章で取り上げたトンネルの仕組みが使われています。ここではそれを紹介しましょう。

　NTTのフレッツを利用するインターネット接続は、これまで必ず網終端装置（NTE）を経由してインターネットとつながっていました。しかし、このNTEは混雑しがちでインターネットとの通信が遅くなる原因の1つになっていました。

　このようなNTEを経由しない接続方法として登場したのが「IPoE接続」と呼ばれる接続方法です。しかしこのIPoE接続にはIPv6しか流せません。そこで、その中にIPv4を流せるトンネルを作り出す「IPv4 over IPv6」と呼ばれる技術が併用されます。こうすることで、混雑するところを避けながら、従来からあるIPv4のインターネットへとたどり着けるようになり、その結果、インターネットアクセスが速くなるというわけです。

　もし利用中のプロバイダー（ISP）がこのような接続方法に対応していれば、プロバイダーに対して必要な申し込みを行い、対応するルーターを用意して適切に設定することで利用できます。

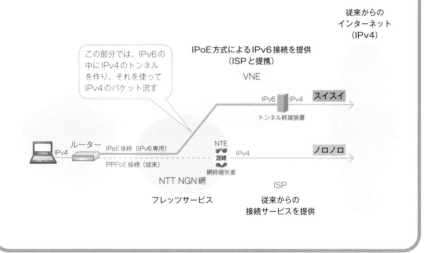

ネットワークの
サービス

この章では、メールや Web などの
ネットワークアプリケーションが、私た
ちの見えないその裏側で、どのよう
な通信をしているのかを取り上げま
す。ふだん何気なく使っているものも
その動作を知ると見方が変わります。

01 Webを支える技術

ハイパーテキストの概念

　様々な組織や個人がインターネットに開設するホームページは、WWW(World Wide Web)または単にWebと呼ばれる技術を使用しています。これはインターネットサーバーに載せた文書をネットワーク経由で閲覧可能にするもので、文書形式にはハイパーテキストが用いられます。ハイパーテキストは、文書の中にハイパーリンクと呼ばれる、他ドキュメントへの参照を埋め込んだものです。このハイパーリンクをたどることで、複数の文書を関連づけ、全体で大きな情報を表すことができます。ハイパーテキストの記述には、HTMLなどの専用の記述言語が使われます。

URLとは

　Webに存在する文書や各種ファイルを指し示すには、URL(Uniform Resource Locator)が用いられます。いわゆる「ホームページアドレス」などと呼ばれるものです。よく用いられるWebのURLは、大きく分けて、スキーム、ホスト名、パス名の3つの部分で構成されています。

　スキームには、使用するプロトコルの種類などを指定します。http、https、ftp、mailtoなどが代表的です。ホスト名には、接続するコンピューターのドメイン名やIPアドレスを指定します。パスには、サーバー内の格納位置やファイル名を指定します。

静的コンテンツと動的コンテンツ

　Webのコンテンツは、あらかじめ制作してサーバーに保存されている静的コンテンツと、サーバーに読み出しをリクエストするたびにプログラムが動いて作り出す動的コンテンツに分けることができます。静的コンテンツは、常に同じものを返せばよいものに使われます。例えば、組織のWebサイトのトップページは静的コンテンツで作ることができます。一方の動的コンテンツは、アクセスするたびに結果が変わる可能性があるものに使います。例えば、キーワードにより検索結果が変わる、検索エンジンの結果表示画面は、動的コンテンツです。

プラス1　URLと混同しやすいものにURI(Uniform Resource Identifier)があります。URIは、この節で取り上げるURLと、対象の名前を表すURN(Uniform Resource Name)を合わせた総称です。

● Webではハイパーリンクで関係づけられたハイパーテキストをたどって閲覧できる

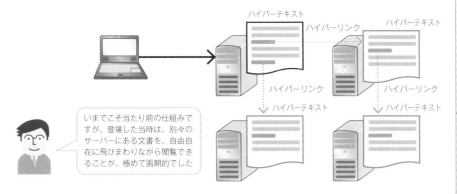

ハイパーテキスト
ハイパーリンク
ハイパーテキスト
ハイパーリンク
ハイパーテキスト
ハイパーリンク
ハイパーテキスト
ハイパーリンク
ハイパーテキスト

いまでこそ当たり前の仕組みですが、登場した当時は、別々のサーバーにある文書を、自由自在に飛びまわりながら閲覧できることが、極めて画期的でした

5
ネットワークのサービス

● Web上の情報の在りかはURLで表せる

ホスト名の前には必要に応じてユーザー名：パスワード＠ の形式でログイン情報を書くことができる。ftpなどで使用する

ホスト名の後には必要に応じて：ポート番号の形式でポート番号を書くことができる。省略時はスキームの標準ポート番号が使われる

https://www.sbcr.jp/index.html

スキーム	ホスト名	パス
使用プロトコルを指定する	接続するコンピューターの名前やIPアドレスを指定する	サーバー内での格納位置やファイル名。省略するとデフォルトドキュメントを指定したことになる

- http 暗号化なしのWeb
- https 暗号化ありのWeb
- ftp ファイル転送
- mailto メール送信　など

● 静的コンテンツと動的コンテンツ

サーバー
①リクエスト
③コンテンツを返送

静的コンテンツ
②あらかじめ作ってあるものを読み出す

①リクエスト
③コンテンツを返送

動的コンテンツ
②そのたびにプログラムが動いて情報を作り出す
（例：検索結果画面）

02 HTTP

Ｈ Ｔ Ｔ Ｐ(Hypertext Transfer Protocol)は、Web サーバーと Web ブラウザの間で、Web 情報をやりとりするためのプロトコルです。私たちがふだん、ホームページで情報収集したり、ブログを読んだりする時、この HTTP を使ってやりとりが行われています。

HTTP の特徴の 1 つは、その動作がとてもシンプルなことです。情報のやりとりは、常に、クライアント(Web ブラウザなど)が要求を出し、サーバーが応答を返します。**1 つの要求には 1 つの応答を返すルール**になっていて、どちらかが多くなることはありません。また、以前に何を要求したかで応答が変わることはなく、同じ条件なら、ある要求に対する応答は常に同じものになります。このように簡潔で素直な特性を持つことから、Web サーバーと Web ブラウザ間のやりとり以外にも、スマホアプリからのサーバー機能呼び出しや、サーバー間のサービス呼び出しなどに幅広く使われています。こちらの使い方については **REST API** の項目(5-11 節)で説明します。

なお多くの場合、HTTP は TCP と組み合わせて使います。UDP と組み合わせて使うケースはまれです。サーバーが HTTP の通信を受け付けるポート番号は、通常、80 番です。ただし、特殊な用途で 80 番以外のポートを使うこともあります。HTTP プロキシ(5-10 節)を使うケースなどはその一例です。

■ リクエストとレスポンス

HTTP リクエストを TCP/IP でサーバーに送ると、サーバーはそれを受け取ってリクエスト内容を処理し、その結果を **HTTP レスポンス**として送り返します。

リクエストには、リクエスト行、ヘッダフィールド、メッセージ本体の各部があり、行いたい操作をリクエスト行の**メソッド**で指定します。例えば、サーバーから何かファイルを取り出したい時には、GET メソッドを使い、その後に取り出したいファイルの名前を指定します。ヘッダフィールドは補助的な情報を指定する部分です。

レスポンスには、ステータス行、ヘッダフィールド、メッセージ本体の各部があり、処理結果は**ステータスコード**で示されます。ステータスコードが 200 ならば、リクエストは正常に処理されたことを表します。

プラス1 アクセス殺到が見込まれる Web サイトでは、Web サーバーの手前に設けた「ロードバランサー」(5-12 節)で各アクセスを複数の Web サーバーへと振り分けて大量のアクセスをさばきます。

イメージでつかもう！

● HTTPはリクエストを送るとレスポンスが返ってくるシンプルなスタイル

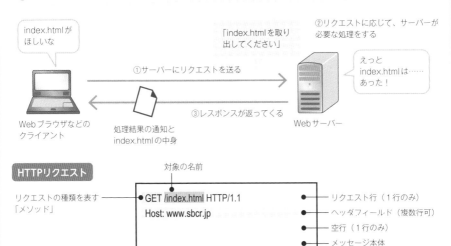

index.html が
ほしいな

「index.html を取り
出してください」

②リクエストに応じて、サーバーが
必要な処理をする

えっと
index.html は……
あった！

①サーバーにリクエストを送る

③レスポンスが返ってくる

Web ブラウザなどの
クライアント

処理結果の通知と
index.html の中身

Web サーバー

HTTPリクエスト

対象の名前

● GET /index.html HTTP/1.1
Host: www.sbcr.jp

リクエストの種類を表す
「メソッド」

● リクエスト行（1行のみ）
● ヘッダフィールド（複数行可）
● 空行（1行のみ）
● メッセージ本体
（複数行可、省略可）

主なメソッド	意味
GET	指定したターゲットをサーバーから取り出す
HEAD	指定したターゲットに関連するヘッダ情報を取り出す
POST	指定したターゲット（プログラム）にデータを送る
PUT	サーバー内にファイルを書き込む
DELETE	サーバー内のファイルを削除する

HTTPレスポンス

処理結果を表す「ステータスコード」

HTTP/1.1 200 OK
Date: Tue, 08 Nov 2022 05:41:50 GMT
　　⋮
Content-Type: text/html

<!DOCTYPE HTML PUBLIC "-//W3C "http…
<html lang="ja">
<head>
　　⋮

● ステータス行（1行のみ）
● ヘッダフィールド（複数行可）
● 空行（1行のみ）
● メッセージ本体（複数行可）
リクエストした対象の中身が
ここに入る

主なステータスコード	意味
200	正常
401	認証が必要
404	見つからない
408	リクエスト時間切れ
500	サーバー内部エラー

関連
用語　HTML ▶ P.140　HTTPS ▶ P.120　HTTP プロキシ ▶ P.134　REST API ▶ P.136

03 HTTPSとSSL/TLS

■ HTTPS の概要

HTTPS(Hypertext Transfer Protocol Secure) は、HTTP での通信を
安全に行うための仕組みです。Web ブラウザと Web サーバーで、ネットバンキング、
クレジットカードサービス、個人情報登録や修正を行うようなケースで、この
HTTPS が使われます。HTTPS のポート番号は 443 番が割り当てられています。暗
号化をしない HTTP で通信するか、暗号化した HTTPS で通信するかは、Web サイ
トの URL を見るとわかります。「http://」で始まる Web サイトは HTTP で、
「https://」で始まる Web サイトは HTTPS で通信を行います。

HTTPS は、そのための特別なプロトコルが定められているのではなく、SSL
(Secure Sockets Layer)／TLS(Transport Layer Security) と呼ばれるプロト
コルが作り出す安全な接続を使って、その上で HTTP による通信を行います。その
ため、HTTP の持つシンプルで汎用性が高いという特徴はそのまま生かされます。

HTTPS を使って **HTTP のリクエストやレスポンスの内容を暗号化**すると、イン
ターネットのどこかで誰かがそれを盗聴しても、その内容はわかりません。また、途
中で誰かが**通信内容を書き換える「改ざん」が行われたことを検出する**ことができま
す。さらに、**接続先の Web サーバーが本物かどうかを検証する**機能もあります。

■ SSL/TLS の概要

SSL/TLS では、情報の暗号化などに用いる各アルゴリズム（処理方法）を複数の
候補から選べるようになっています。そのうちのどのアルゴリズムを使うかは、通信
の最初の段階でサーバーとクライアントが相談しあって決め、双方が対応可能でより
安全なものが選ばれます。これを**ネゴシエーション**といいます。

最強の暗号と、少し弱い暗号があり、サーバーとブラウザのどちらかが少し弱い暗
号にしか対応していない場合は、少し弱い暗号を使って通信が行われる点に注意が必
要です。なお新しいバージョンである TLS 1.3 では、利用できる暗号を十分強いもの
数種に絞り込み、古い暗号や弱い暗号を候補から外すことで、安全性を高めています。

プラス1 以前は、高いセキュリティを要するときに HTTPS を使い、そうでないときは HTTP を使っていまし
た。しかし近年では全てのページで HTTPS を使う、いわゆる「常時 SSL」が主流となっています。

イメージでつかもう！

● 安全な通信が必要な場面ではHTTPSを使う

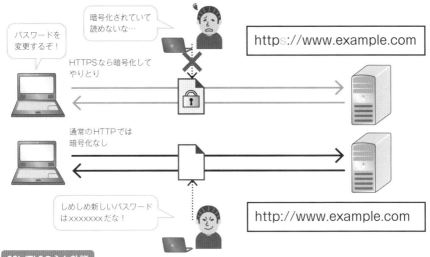

SSL/TLSの主な効能

暗号化	盗聴されても内容を知られずに済む
改ざん検出	通信途中に内容を改ざんされたら検出する
認証	相手が本物であることを確認する

● 暗号化をつかさどるSSL/TLSは、HTTPとTCPの間に位置する

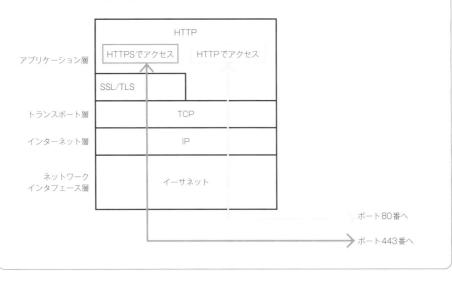

関連
用語
HTTP ▶ P.118　暗号化 ▶ P.148

121

04 SMTP

SMTP(Simple Mail Transfer Protocol) は、電子メールの配送に用いられるプロトコルです。主に TCP と一緒に使用し、ポート番号は 25 番を使ってきました。近年では別のポート番号も使われており、これについては後述します。

SMTP でメール配信する時の典型的なやりとりを右図に示します。HTTP のように 1 回のリクエストで 1 回のレスポンスを返して終わるのではなく、接続している間に、何回か、コマンドとリプライのやりとりをします。リプライでは数字 3 桁のリプライコードで結果を表し、通常その後に人間が読める英字メッセージが続きます。

■ OP25B とサブミッションポート

日本で提供されている大部分のインターネット接続サービスでは、その接続している ISP のネットワーク外にあるメールサーバーに対して 25 番ポートで接続することを禁止しています。これは迷惑メール防止策として導入された **OP25B**(Outbound Port 25 Blocking) によるものです。

インターネットのメールは、典型的には、以下の形で配送されます。

① 自分が使用権を持つメールサーバーにメールを SMTP で送信する
② 自分が使用権を持つメールサーバーから受取人のメールボックスがあるメールサーバーへ、メールが SMTP で転送される
③ 転送したメールが受取人のメールボックスに入る

OP25B が導入されて以降、メールサーバーが ISP のネットワーク外にある時、①が 25 番ポートで接続できなくなり、代わりに 587 番ポートが使われるようになりました。**サブミッションポート**と呼ばれるこのポートには、**SMTP-AUTH**(メール送信に ID とパスワードを求める)が設定され、そのメールサーバーに ID /パスワードを持つ人だけがメールを送信できます。この対策により勝手にメールサーバーを使うことが困難になり、迷惑メール撲滅に効果を上げました。その半面、メール送信にポート 25 番と 587 番のどちらを使うべきか、見極めを要することになりました。

プラス1　SMTP は通信内容を暗号化しておらず、盗聴などに弱いことから、近年では SSL/TLS を併用して内容を暗号化する SMTPS が普及しつつあります。

イメージでつかもう！

● SMTPでの典型的なやりとり

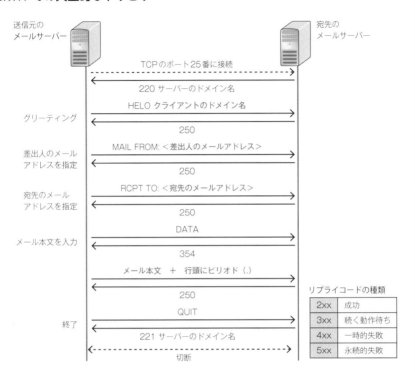

送信元のメールサーバー → 宛先のメールサーバー

	TCPのポート25番に接続	
	220 サーバーのドメイン名	
グリーティング	HELO クライアントのドメイン名	
	250	
差出人のメールアドレスを指定	MAIL FROM: <差出人のメールアドレス>	
	250	
宛先のメールアドレスを指定	RCPT TO: <宛先のメールアドレス>	
	250	
	DATA	
メール本文を入力	354	
	メール本文 ＋ 行頭にピリオド (.)	
	250	
終了	QUIT	
	221 サーバーのドメイン名	
	切断	

リプライコードの種類

2xx	成功
3xx	続く動作待ち
4xx	一時的失敗
5xx	永続的失敗

● 587番のサブミッションポートを上手に使う

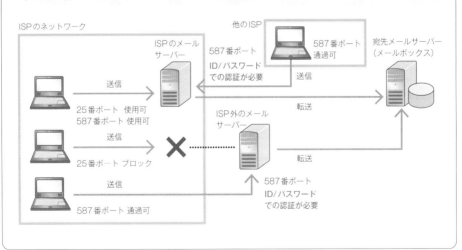

ISPのネットワーク

他のISP

587番ポート 通過可

送信
25番ポート 使用可
587番ポート 使用可

ISPのメールサーバー
587番ポート
ID/パスワードでの認証が必要

送信
25番ポート ブロック

ISP外のメールサーバー

送信
587番ポート 通過可

587番ポート
ID/パスワードでの認証が必要

宛先メールサーバー（メールボックス）

転送

5

ネットワークのサービス

関連用語 POP3 ▶ P.124　SSL/TLS ▶ P.120

123

05 POP3とIMAP4

▮ POP3 はメールをパソコンに取り込むスタイル

POP3（Post Office Protocol Version 3）と IMAP4（Internet Message Access Protocol Version 4）は、メールボックスからメールを読み出すプロトコルです。インターネットの電子メールは、SMTP によって宛先メールアドレスのメールボックスがあるサーバーまで届けられ、メールボックスの中に保存されます。その保存されたメールを読み出すために POP3 や IMAP4 を使用します。

POP3 の特徴は、**メールボックスのメールをパソコンに取り込んで、パソコンの中で整理や閲覧をするスタイル**を採用していることです。サーバー上のメールボックスは、基本的には、メールを読み出したら空にします（残すこともできます）。メールは全てパソコンに取り込むので、ネットワークとの接続を切ってもメールを自由に読むことができます。その半面、メールをパソコンに取り込んでしまうので、同じメールをスマートフォンからも読みたいといった使い方には向きません。

POP3 は通常 TCP と組み合わせて使用し、ポートは 110 番が割り当てられています。また、SSL/TLS による暗号化を併用して安全に読み出すことのできる POP3S も定められています。

▮ IMAP4 はメールをメールボックスに置いたままのスタイル

一方、IMAP4 は**メールをサーバー上のメールボックスに置いたままにして、整理や閲覧をするスタイル**を採用しています。メールはサーバー上にあるので、それを読むには原則としてネットワーク接続が必要です。この点は、ネットワークを切ってもメールが読める POP3 と大きく違います。しかし、良いこともあります。メールを保存するサーバーにさえアクセスできれば、どの端末からも同じメールが読めるという点です。これはパソコンとスマートフォンを併用する人にとって便利な特徴です。

IMAP4 は通常 TCP と組み合わせて使用し、ポート番号は 143 番を用います。SSL/TLS による暗号化を併用して安全に読み出すことのできる IMAP4S もあります。

プラス1 盗聴されやすい公衆無線 LAN の普及などを背景に、SSL/TLS による暗号化を併用した POP3S や IMAP4S の普及が進んでいます。

● POP3とIMAP4はメールボックスからメールを読み出すプロトコル

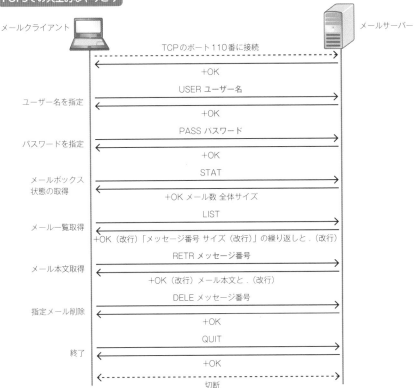

ISPのメールサーバー

宛先メールサーバー（メールボックス）

送信 → 転送 → メール読み出し ←

POP3またはIMAP4

POP3での典型的なやりとり

メールクライアント — メールサーバー

TCPのポート110番に接続
+OK
USER ユーザー名 （ユーザー名を指定）
+OK
PASS パスワード （パスワードを指定）
+OK
STAT （メールボックス状態の取得）
+OK メール数 全体サイズ
LIST （メール一覧取得）
+OK（改行）「メッセージ番号 サイズ（改行）」の繰り返しと.（改行）
RETR メッセージ番号 （メール本文取得）
+OK（改行）メール本文と.（改行）
DELE メッセージ番号 （指定メール削除）
+OK
QUIT （終了）
+OK
切断

使用するポート番号

暗号化なし

プロトコル	ポート番号
POP3	110
IMAP4	143

暗号化あり

プロトコル	ポート番号
POP3S	995
IMAP4S	993

なお、POP3やIMAP4のポート番号を使って暗号化なしで通信を始め、途中から暗号化ありに切り替える方法も定められている。これはSTARTTLSと呼ばれる

5
ネットワークのサービス

関連用語 SMTP ▶ P.122 SSL/TLS ▶ P.120

125

06 FTP

FTP（File Transfer Protocol）は、ファイルを転送するためのプロトコルです。古くから使われているプロトコルの1つですが、HTTPやHTTPSでも同じ役目を果たすことができ、また、そちらのほうが、セキュリティのために様々な制限を課すことが多い企業ネットワークなどでも利用しやすいことから、このFTPが登場する機会は減っています。とはいえ、HTTPやHTTPSにはない特徴があり、いまも使い続けられています。

FTPは通常TCPと共に使用し、**転送制御のために21番ポート、データ転送のために20番ポートを使います**。割り当てられたポート番号が2つあるのは、FTPが同時に2つの接続を使用するからです。1つは転送制御のために、もう1つは実際のデータを送る目的に用います。制御のための接続が独立していることから、転送途中ですぐに停止したい、といったコントロールがしやすいといわれます。

■ アクティブモードとパッシブモード

FTPを使う上で問題になるのが、2つめの接続（データ転送用）の作り方です。何も指定しない場合、FTPのプロトコルでは、**FTPサーバーがFTPクライアントに向けて接続を作ろうとします**。しかし、今日のオフィスや家庭のネットワークは、外部からの不正侵入を防ぐために、外部から内部への接続を禁止しているのが普通です。そのため、インターネットにあるFTPサーバーはデータ転送用の接続を作ることができず、ファイル転送を始めることができません。この状況に対応するため、**FTPクライアントの側から2つめの接続（データ転送用）を作る、パッシブモード**が設けられています。パッシブモードを使うことで、通常、オフィスや家庭のネットワークからでも、インターネット上のFTPサーバーを利用できます。

■ 暗号化に対応したFTPSとSFTP

FTPではログインと転送のいずれにおいても暗号化を使用しないため、暗号化が必要な場合はFTPSやSFTPを使用します。FTPSは、HTTPSやSMTPSなどの仲間で、FTPにSSL/TLSを併用して安全な通信を実現します。もう一方のSFTPは、SSH（5-07節）の仕組みを使って安全なファイル転送を実現しています。

イメージでつかもう！

● FTPでの典型的なやりとり

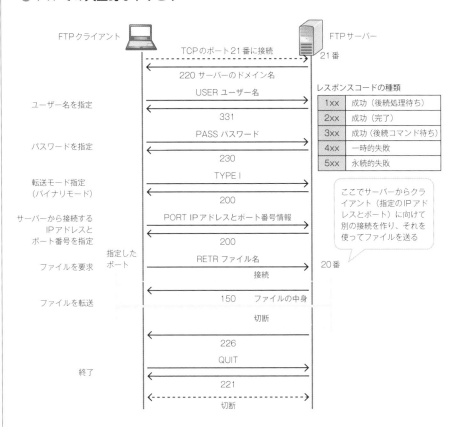

FTPクライアント / FTPサーバー

TCPのポート21番に接続 / 21番

220 サーバーのドメイン名

ユーザー名を指定 / USER ユーザー名

レスポンスコードの種類

1xx	成功（後続処理待ち）
2xx	成功（完了）
3xx	成功（後続コマンド待ち）
4xx	一時的失敗
5xx	永続的失敗

331

パスワードを指定 / PASS パスワード

230

転送モード指定
（バイナリモード） / TYPE I

200

ここでサーバーからクライアント（指定のIPアドレスとポート）に向けて別の接続を作り、それを使ってファイルを送る

サーバーから接続する
IPアドレスと
ポート番号を指定 / PORT IPアドレスとポート番号情報

200

ファイルを要求 / 指定した
ポート / RETR ファイル名 / 20番

接続

ファイルを転送 / 150　ファイルの中身

切断

226

QUIT

終了

221

切断

● アクティブモードとパッシブモード

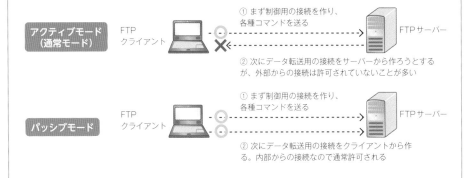

**アクティブモード
（通常モード）**

FTP
クライアント

① まず制御用の接続を作り、
各種コマンドを送る

FTPサーバー

② 次にデータ転送用の接続をサーバーから作ろうとするが、外部からの接続は許可されていないことが多い

パッシブモード

FTP
クライアント

① まず制御用の接続を作り、
各種コマンドを送る

FTPサーバー

② 次にデータ転送用の接続をクライアントから作る。内部からの接続なので通常許可される

5
ネットワークのサービス

関連
用語　HTTP ▶ P.118　SSH ▶ P.128　SSL/TLS ▶ P.120

127

07 SSH

■ SSH の概要

Windows などのパソコンでふだん利用しているような、グラフィックスを多用し、主にマウスで操作するスタイルを、GUI(Graphical User Interface) と呼びます。これに対し、昔ながらのコンピューターのように、画面に文字だけを表示し、キーボードから文字を入力して操作するスタイルを、CUI(Character-based User Interface) または CLI(Command Line Interface) と呼びます。

SSH(Secure Shell) は、サーバーやネットワーク機器に接続して、対象をCUI で操作するために用いるプロトコル、および、そのためのプログラムの名前です。TCP と一緒に使用し、ポートは 22 番を使用します。対象を操作する CUI 画面は、ターミナルやコンソールと呼ばれます。SSH の大きな特徴は、そのやりとりが暗号化され、安全に対象を操作できる点です。サーバー管理者にせよ、ネットワーク管理者にせよ、対象機器へのログイン、管理者権限の取得などには、ログインパスワードや管理者パスワードを入力する必要があり、それが第三者に漏れては困ります。SSH を使えば、そのような情報漏えい、通信内容の改ざん、なりすましの発生を防げます。

■ より安全な公開鍵認証

SSH は、操作対象へのログイン方法として、ID とパスワードを入力するオーソドックスな方法の他に、**公開鍵認証**と呼ばれる、より安全な方法をサポートしています。公開鍵認証を使うには、あらかじめ自分の認証情報を含んだ公開鍵と秘密鍵を作っておき、ログインする対象に公開鍵を格納しておきます。そして、対象にログインする時には、ペアになる秘密鍵を使ってログインします。ID/ パスワード方式では、機械的に総当たりすることでログインを突破される可能性がありますが、この方法では**ログインに必ず秘密鍵が必要なため、総当たりだけで突破される恐れはありません。**また、秘密鍵にパスフレーズを設定しておけば、秘密鍵を持っていること、パスフレーズを知っていること、この 2 つを満たさないとログインできないため、より安全性が高まります。

プラス1 SCP（Secure Copy）は、SSH の機能をベースにして、コンピューター同士がネットワーク経由で安全にファイルコピーを行うプロトコルです。

イメージでつかもう！

● GUIとCUIの違い

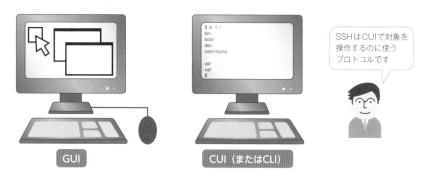

● SSHの動作イメージ

サーバーやネットワーク機器にログインしてCUIで安全に操作できます。

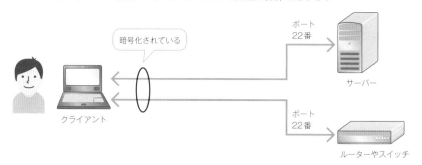

● 公開鍵認証を使うと、セキュリティがより強化される

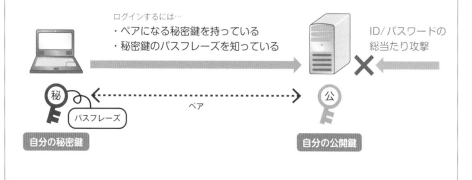

関連
用語 公開鍵暗号 ▶ P.148

129

08 DNS

　TCP/IP のネットワークではしばしば、IP アドレスの代わりに、コンピューターに与えた名前「**ドメイン名（3-04 節）**」が用いられます。この**ドメイン名から IP アドレスを求めること（正引き）**、あるいは逆に、**IP アドレスからドメイン名を求めること（逆引き）**を「名前解決」と呼びます。インターネットにおいて、この名前解決の機能は DNS(Domain Name System) が提供しています。DNS は、問い合わせや応答に UDP のポート 53 番を使用します。また、DNS サーバー間で情報の複製をするゾーン転送には、TCP の 53 番を使用します。DNS の特徴の 1 つが、分散協調処理を行うという点です。特定のサーバーが集中的に処理をするのではなく、ドメイン名の構造に沿っていくつにも分散したサーバーが、それぞれ協調しながら、名前解決の処理を行います。

■ 名前解決の仕組み

　インターネットに接続するコンピューターは、通常、DNS にアクセスする設定（問い合わせ先となる DNS サーバーの IP アドレス指定）がなされています。そして、通信相手がドメイン名で指定されたら、まず DNS に対して名前解決をリクエストし、対応する IP アドレスを受け取ってから、その IP アドレスに対する通信を開始します。

　DNS を構成するサーバーには、**コンテンツサーバー、キャッシュサーバー（フルサービスリゾルバ）**の 2 種類があります。パソコンやサーバーのプログラムが名前解決を要求したら、そのパソコンやサーバーに搭載されている**スタブリゾルバ（DNS 問い合わせプログラム）**が、キャッシュサーバーに対して名前解決のリクエストを送ります。すると、キャッシュサーバーが、逐次、コンテンツサーバーにアクセスして名前解決を行い、その結果をスタブリゾルバに返して、さらにそれがプログラムに渡されます。

　なお、問い合わせの各段階で取得した対応情報は、キャッシュと呼ばれる領域に保存しておき、次に同じ問い合わせがきたら、コンテンツサーバーへ訊ねることをせず、キャッシュに保存されている結果を使います。これは、無駄な通信を行わず、かつ、迅速に名前解決を済ませるために役立ちます。

プラス1　コンテンツサーバーが返す情報には有効期間が設定されていて、それを過ぎたらキャッシュに保存した情報は破棄します。こうして古い情報が使われ続けるのを防ぎます。

イメージでつかもう！

● IPアドレスよりドメイン名のほうが覚えやすい

www.sbcr.jp	118.103.124.61
人間が覚えやすい	機械が扱いやすい

ドメイン名とIPアドレスの相互変換を名前解決と呼びます。

名前解決

www.sbcr.jp　　正引き →　　118.103.124.61
　　　　　　　　← 逆引き

変換の方向によって「正引き」「逆引き」と呼び分ける

● DNSの問い合わせイメージ

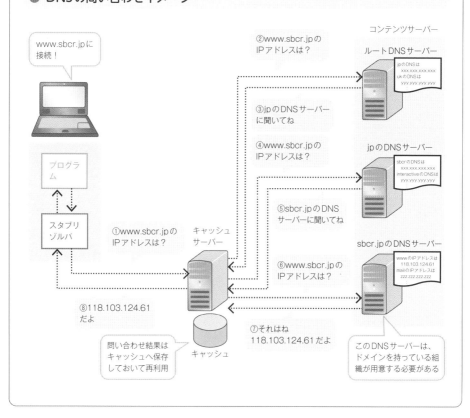

www.sbcr.jpに接続！

プログラム

スタブリゾルバ

①www.sbcr.jpのIPアドレスは？

キャッシュサーバー

②www.sbcr.jpのIPアドレスは？

コンテンツサーバー

ルートDNSサーバー

jpのDNSは
xxx.xxx.xxx.xxx
ukのDNSは
yyy.yyy.yyy.yyy

③jpのDNSサーバーに聞いてね

④www.sbcr.jpのIPアドレスは？

jpのDNSサーバー

sbcrのDNSは
xxx.xxx.xxx.xxx
interactiveのDNSは
yyy.yyy.yyy.yyy

⑤sbcr.jpのDNSサーバーに聞いてね

⑥www.sbcr.jpのIPアドレスは？

sbcr.jpのDNSサーバー

wwwのIPアドレスは
118.103.124.61
mailのIPアドレスは
zzz.zzz.zzz.zzz

⑧118.103.124.61だよ

問い合わせ結果はキャッシュへ保存しておいて再利用

キャッシュ

⑦それはね118.103.124.61だよ

このDNSサーバーは、ドメインを持っている組織が用意する必要がある

09 NTP

時計合わせの必要性

NTP(Network Time Protocol)は、ネットワークにつないだコンピューターの時計を合わせるためのプロトコルです。トランスポート層プロトコルには、リアルタイム性が高い UDP を使い、ポート番号は 123 番を使います。

複数のコンピューターをネットワークでつないで一緒に使う場合、コンピューターの時計が合っていることは非常に重要です。例えば、メールをやりとりした時刻がシビアな意味を持つ場面で、送信者と受信者の時計が合っていないと、相互に違う言い分を主張することになるでしょう。また、システムにトラブルが起きた時、2 台のサーバーの動作を振り返ろうとログ(動作記録)を照らし合わせても、時計が合っていなければ相互関係の把握は難しくなります。

NTP が正確な時刻を配信する仕組み

NTP で時刻情報を提供するのが NTP サーバーです。NTP サーバーは UTC(協定世界時：日本標準時 −9 時間)で表す時刻情報を配信します。配信にあたっては、通信にかかる時間分をきちんと見込み、その補正が行われます。例えば、光回線によるインターネットでは、国内サーバーにパケットを送り返信が戻ってくるまで、一般に 10 ミリ秒〜数 10 ミリ秒程度の時間がかかります。そのため、正確な時刻情報を得るには、この補正がとても大切です。

時刻情報を提供する NTP サーバーが少数だと、そこにアクセスが集中して負荷が重くなりすぎてしまいます。そこで、**NTP サーバーは階層的な構造をとる**ことでそれを防ぎます。NTP での時刻情報の源泉には、通常、マイクロ秒オーダーの精度を持つ原子時計や、GPS などの時刻源(タイムソース)が用いられます。これをStratum 0 と位置づけます。そして、この時刻源に直結したサーバーを Stratum 1 とします。その数はさほど多くないので、その下層に Stratum 2 サーバーや、さらにその下層の Stratum 3 サーバーを用意し、多数のコンピューターに時刻情報を配信します。

● ネットワークでつないだコンピューターでは時計合わせがとても重要

サーバーの時計が共に不正確だと、ログの記録を照らし合わせても、何が起きたのかさっぱりわからなくなってしまいます。

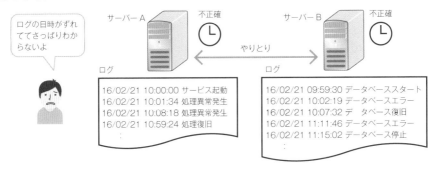

● NTPサーバーは階層構造を採用している

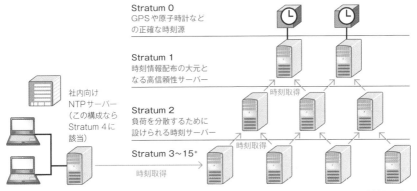

● 進んでいる時計を急に合わせるとアプリには時間がさかのぼって見える

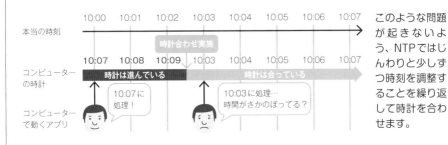

このような問題が起きないよう、NTPではじんわりと少しずつ時刻を調整することを繰り返して時計を合わせます。

10　HTTPプロキシ

■ プロキシの概要

　HTTP を使ってインターネット上の Web サーバーへアクセスする際は、パソコンやスマートフォンなどとサーバーが直接的に接続を行って、リクエストやレスポンスをやりとりするのが基本形です。一般家庭で Wi-Fi ルーターなどを使うケースでは、ほぼ 100% がこの形で Web サーバーにアクセスします。

　しかし、企業や団体などのオフィスネットワークでは、各パソコンがインターネット上の Web サーバーと直接通信をせず、何らかの中継用コンピューターを経て、インターネットとやりとりする形態が使われることがあります。このような、**間に入って通信内容を取り次ぐコンピューターのことを、一般にプロキシ（proxy とつづり「代理」の意味）** といいます。そのうち Web アクセスに用いるものは、HTTP を取り次ぐものという意味で **HTTP プロキシ** と呼ばれます。プロキシは、各パソコンに何らかの設定を要するものと、特に設定しなくてもインターネットアクセスを強制的にプロキシ経由にしてしまうものがあります。後者は透過プロキシとも呼ばれます。

■ HTTP プロキシを使う理由

　HTTP プロキシを利用すると、オフィス内のパソコンから Web へのアクセスは全てプロキシが仲介することになります。このことは、Web サーバーに対するリクエストやレスポンスに対して、プロキシが何らかの形で関与できることを意味します。

　この特性を生かして HTTP プロキシが提供する機能の 1 つが **コンテンツのキャッシュ** です。Web サーバーからのレスポンスを保存しておき、同じページにアクセスする人には、その内部に保存しているコンテンツを返します。こうすることで、Web ページを表示するまでの時間を短縮したり、インターネット接続回線の混雑を減らす効果が期待されます。また、**ウイルス検出や不正侵入防止** にも HTTP プロキシが役に立ちます。この他、**有害サイトの遮断** も HTTP プロキシで行うことができます。アクセスする URL をチェックして、有害サイトの場合は実際のアクセスを行わず、「アクセスできない」というレスポンスを返します。

● HTTPプロキシの動作イメージ

HTTPプロキシを使う場合、パソコンはプロキシとだけ通信し、インターネットのWebサーバーとはプロキシが通信します。

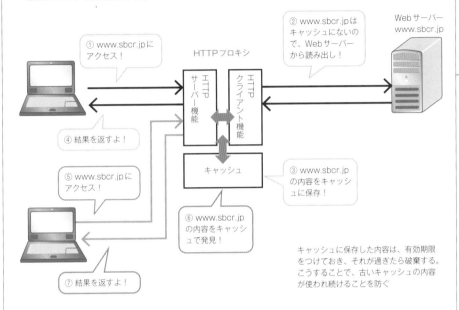

① www.sbcr.jpにアクセス！

HTTPプロキシ

HTTPサーバー機能

HTTPクライアント機能

② www.sbcr.jpはキャッシュにないので、Webサーバーから読み出し！

Webサーバー
www.sbcr.jp

④ 結果を返すよ！

⑤ www.sbcr.jpにアクセス！

キャッシュ

③ www.sbcr.jpの内容をキャッシュに保存！

⑥ www.sbcr.jpの内容をキャッシュで発見！

⑦ 結果を返すよ！

キャッシュに保存した内容は、有効期限をつけておき、それが過ぎたら破棄する。こうすることで、古いキャッシュの内容が使われ続けることを防ぐ

5

ネットワークのサービス

● HTTPプロキシの主な機能

- コンテンツのキャッシュ
- ウイルス検出や不正侵入防止
- 有害サイトの遮断

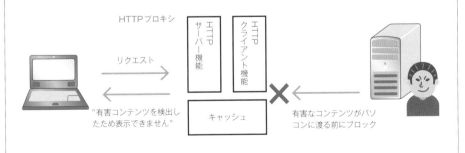

HTTPプロキシ

HTTPサーバー機能

HTTPクライアント機能

リクエスト

"有害コンテンツを検出したため表示できません"

キャッシュ

有害なコンテンツがパソコンに渡る前にブロック

関連用語 HTTP ▶ P.118　ウイルス ▶ P.152　コンテンツフィルタリング ▶ P.156　不正侵入 ▶ P.150

11 サービス連携と REST API

■ ネットワーク経由で機能を呼び出す

コンピューター同士がネットワークでつながっていることが当たり前になり、何かの処理をしたい時に、他のコンピューターが持っている機能を呼び出して使う、ということが可能になりました。例えば、インターネット上のどこかにあるデータベースサーバーの機能を、Web サーバーからネットワーク経由で呼び出してデータを読み書きする、といった具合です。

このような形で、ネットワーク経由で呼び出して使うサービスを提供する事業者、あるいは、そのサービスを ASP（Application Service Provider）と呼びます。昨今ではこれをクラウド技術の一形態ととらえ SaaS や PaaS と呼ぶこともあります。

■ HTTP や HTTPS を使う REST API

ASP や SaaS/PaaS などの機能をネットワーク経由で呼び出す時、多く使われているのが HTTP や HTTPS です。これらはもともと Web アクセスのために生まれたプロトコルですが、シンプルな作りで使いやすいなどの理由から、ネットワーク経由での機能呼び出しにも広く使われるようになりました。基本的な考え方は、HTTP や HTTPS のリクエストとレスポンスの考え方に沿い、必要なパラメータを添えてリクエストを送り、結果をレスポンスとして返します。レスポンスの形式には XML（5-13 節）や JSON（" 項目名：値 " で表した一連のデータを {} で囲んだもの）などが使われます。このように、HTTP や HTTPS を用いてネットワーク経由で機能を呼び出し、XML や JSON で結果を返すスタイルは一般に REST API（REpresentational State Transfer Application Programming Interface）と呼ばれます。本来、REST API という言葉にはきちんとした定義がありますが、このごろはこのような呼び出し方をするものを広く REST API と呼ぶことが多いようです。

なお REST API は、ASP や SaaS/PaaS だけでなく、各種の SNS にも用意されていることがあります。それらを使うと、例えば、何らかのプログラムから SNS のユーザー情報などを読み出す、といったことができます。

プラス 1　きちんとした REST の定義に沿った API であることを明示したい場合、「REST API」とせず「RESTful API」と表記することがあります。

● ネットワーク経由で機能を呼び出す

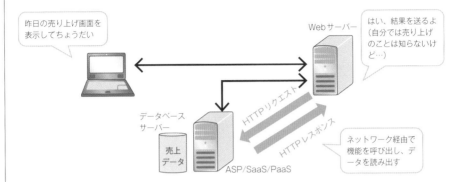

昨日の売り上げ画面を
表示してちょうだい

Webサーバー

はい、結果を送るよ
（自分では売り上げ
のことは知らないけ
ど…）

データベース
サーバー

売上
データ

HTTPリクエスト

HTTPレスポンス

ネットワーク経由で
機能を呼び出し、デー
タを読み出す

ASP/SaaS/PaaS

5

ネットワークのサービス

● REST APIとは？

慣用的には……

> HTTPを用いてネットワーク経由で機能を呼び出し、XML形式やJSON
> 形式で結果を返すスタイルを、一般にREST APIと呼ぶ

ちなみにきちんとした定義は……

> ・ 状態を持たないプロトコルである
> ・ 情報を操作する手段が十分に定義されている
> ・ リソースは汎用的な構文で一意に識別できる
> ・ 情報の中にハイパーメディアを含められる
>
> このような特性を満たすAPIをREST APIと呼ぶ

● SNSなどもREST APIを公開していることがある

SNSの情報を利用する
アプリが入ったサーバー

SNSサービスのサーバー

ログイン／情報読み出し／投稿
HTTPリクエスト

HTTPレスポンス
結果

会員情報

12　ロードバランサー

　一般に、サーバーは処理能力の高いコンピューターを使用しますが、それでも処理しきれないほど大量のアクセスが 1 台に集中すると、サーバーがパンクしてアクセスに反応できなくなったり、あるいは完全にダウンしてしまったりします。

　このとき、複数のサーバーを用意して、押し寄せてきたアクセスをそれらに振り分けてやれるとしたらどうでしょうか。まず、1 台あたりの処理の量は大きく減りますので、サーバーの処理がパンクせずに済むでしょう。そして、全体で見ると、1 台では処理しきれないほどの大量アクセスをさばけることになります。

　このような使い方をする時に必要となる「アクセスを複数のサーバーに分散する」ための機器やソフトウェアを**ロードバランサー**と呼びます。日本語で負荷分散装置とも呼ばれます。ロードバランサーは Web サーバーと一緒に使われることが多く、集中するアクセスを複数台の Web サーバーに分散する役目を果たします。また Web 以外でも、大量のアクセスを処理する必要のある場面で各種のロードバランサーが使われます。

■ 振り分け方法と故障サーバーの除外

　ロードバランサーの振り分け方法（ルール）にはいくつかの種類があります。最もシンプルなのは「各サーバーへの順繰りで均等に振り分ける」方法で、これは**ラウンドロビン**と呼ばれます。また「その時に接続数が最も少ない（空いている）サーバーに振り分ける」方法もあり、こちらは**リーストコネクション**と呼ばれています。この他、あらかじめ決めておいた比率で振り分ける、接続数の増減の傾向などからこの先に空きそうなものを予測して振り分ける、といったルールも使われます。

　また、振り分け先を選ぶ時に「故障中と見られるサーバーには振り分けない」ようにすることで、万一、一部のサーバーが故障してもその影響を受けることなくサービスを継続できます。これもまたロードバランサーを利用するメリットの 1 つです。

　なおロードバランサーは、振り分けのために利用する情報がレイヤー 4（TCP や UDP）に属するかレイヤー 7（HTTP など）に属するかにより、L4 スイッチまたは L7 スイッチと呼ばれることがあります。

プラス1　1 回めのアクセスは所定のルールで振り分け、2 回め以降は 1 回めと同じサーバーに振り分けるロードバランサーの機能をパーシステンスと呼びます。振り分け先サーバーが毎回違うと困る場合に使用します。

● ロードバランサーで複数サーバーに負荷を分散する

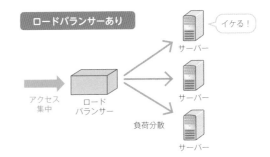

ロードバランサーなし

無理…

アクセス集中　サーバー

ロードバランサーあり

イケる！

サーバー

アクセス集中　ロードバランサー

負荷分散

サーバー

サーバー

● 代表的な振り分け方法

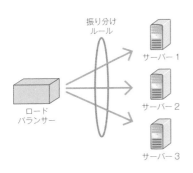

振り分けルール

サーバー 1

サーバー 2

ロードバランサー

サーバー 3

ラウンドロビン

サーバー 1→サーバー 2→サーバー 3→サーバー 1→サーバー 2 …のように、順々に各サーバーへ均等に振り分ける

リーストコネクション

その時に接続数が最も少ない（空いている）サーバーに振り分ける

この他にも、あらかじめ決めておいた比率で振り分ける、接続数の増減の傾向などからこの先に空きそうなものを予測して振り分ける、サーバーの処理負荷が軽いものに振り分ける、など各種のルールが使われます。

● 一部のサーバーが故障してもサービスを継続できる

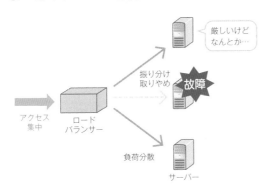

厳しいけどなんとか…

振り分け取りやめ

故障

アクセス集中　ロードバランサー

負荷分散

サーバー

振り分け先サーバーの故障を検出したら、そのサーバーへの振り分けを取りやめ、正常なサーバーだけに振り分けながら動作を続けます。
そうすることで故障の影響を受けずサービスを継続できます（ただし、正常なサーバーの負荷は上がります）。

13　HTMLの構造とXML

▉ HTMLの概要

　HTML（HyperText Markup Language）は、Webで用いるドキュメントを
記述するための言語です。タグと呼ばれるマークを用いることで、テキストファイル
の中に「この部分は、これこれの情報が書かれている」といったことを示します。こ
のような言語を一般にマークアップ言語といいます。タグは＜要素名＞の形式で記
述し、終了を示す必要があるものは＜要素名＞～＜/要素名＞の形式で所定部分を
タグで囲みます。タグで囲まれた内部に別のタグを入れて、入れ子にすることもでき
ます。代表的なタグには、＜title＞（ページのタイトル指定）、＜h1＞（大見出し）、
＜img＞（画像表示）、＜a＞（リンク）などがあります。これらを適宜組み合わせて記
述し、Webブラウザなどで表示するHTMLファイルを作ります。

　HTMLの書き方のルールは比較的緩やかです。HTMLとよく似たものでXML
（Extensible Markup Language）がありますが、こちらは、マークアップ言語を
定義するための汎用的なルールを定めたもので、書き方のルールが厳密に定められて
います。

▉ HTMLとHTTPの関係

　皆さんもふだん目にしているとおり、文字と写真が混在するWebページはごく普
通に使われています。このような表示をするには、HTMLファイルの中に＜img＞
タグで「ここに写真を表示する」という指示を書いておき、そのHTMLファイルと
は別に、写真ファイルを用意します。つまり、HTMLと写真は別々のファイルとし
て準備されます。

　これをWebサーバーに置いてWebブラウザで表示する場合、まず、Webブラ
ウザはHTTPのリクエストでHTMLファイルを1つ読み出します。次に、その中身
を分析して、写真を表示する指示が含まれていることを知ると、再びHTTPのリク
エストで指定された写真ファイルを1つ読み出します。そして、最終的に、しかる
べき位置に写真をはめ込んで表示します。HTTPのリクエストは1回で1つの要素
だけを取り出すため、何度もやりとりして複数の表示要素を読み出すことになります。

● HTMLの形式

HTMLファイルはテキスト中にHTMLのタグを埋め込んだ構造になっています。

```
<!DOCTYPE html>
<html lang="ja">
<head>
  <title>本の紹介</title>
</head>
<body>
  <h1>この一冊で全部わかるネットワークの基本</h1>
  <p>実務に生かせる知識が、確実に身につく。</p>
  <p>これから学ぶ人のベストな一冊</p>
</body>
</html>
```

タグには開始タグと終了タグがあり、要素名の種類により以下の2つの形式が使われる

開始タグ

<要素名>

開始タグ　　　　　　　　　　終了タグ

<要素名> ～ </要素名>

タグの一例 タグをはじめとするHTMLの記述ルールは、WHATWGが制定するHTML Living Standardで定められている

要素名（タグ名）	意味
html	HTMLの開始と終了を示す
head	ヘッダ部（各種情報を格納）を示す
title	ページタイトル
body	ボディ部（表示内容を格納）を示す
h1	大見出し
img	画像表示

要素名（タグ名）	意味
a	リンク
br	改行
div	ブロック
form	入力フォーム
table	表

● 写真入りのWebページが表示されるまで

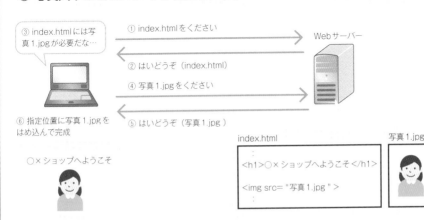

③ index.htmlには写真1.jpgが必要だな…

① index.htmlをください

② はいどうぞ（index.html）

④ 写真1.jpgをください

⑤ はいどうぞ（写真1.jpg）

Webサーバー

⑥ 指定位置に写真1.jpgをはめ込んで完成

○×ショップへようこそ

index.html

```
<h1>○×ショップへようこそ</h1>

<img src="写真1.jpg">
```

写真1.jpg

関連用語 HTTP ▶ P.118 　Web技術 ▶ P.116

14 文字コード

文字情報と文字コード

　コンピューターで取り扱うことができるデータは、その仕組みから数値に限られます。それにもかかわらず、私たちがコンピューターでメールを読み書きしたり、ワープロで文書を作成／保存したりできるのは、**数値と文字を対応づけた文字コードが定義されている**からです。通信でやりとりする時や、コンピューター内で処理や保存がなされる時、文字の情報は、文字に対応する数値の集まりとして取り扱われています。このような、文字に対応づけられた数値のことを文字コードと呼びます。

　半角で表される英字、数字、記号は、文字コードとして 1 バイトの値（0 〜 127）が割り当てられています。改行や削除などを意味する制御文字もこの範囲に含まれます。この対応は基本的な文字コードとして、パソコンが作られた当初から使われているもので、一般に **ASCII コード**と呼ばれています。また、日本においては、半角で表されるカタカナも 1 バイトの値で表すことがあり、その場合、ASCII コードで使っていない範囲（128 〜 255）がこの目的に使われます。

漢字などの文字コード

　日本では、漢字やひらがなや全角カタカナもコンピューターで扱う必要があります。しかし、これらの文字はその数が多いため、1 バイトで表せる範囲（0 〜 255）には到底収まりきりません。日本以外でも、少なくない国において英字以外の文字をコンピューターで扱うことが求められます。これらの文字については、2 バイト以上の値が文字コードとして割り当てられるのが一般的です。このような文字を**マルチバイト文字**と呼ぶことがあります。

　日本語の漢字、ひらがな、全角カタカナを表す文字コード（通称、漢字コード）には複数の種類があり、目的や手段によって使い分けられています。代表的なものとしては、Shift-JIS、EUC-JP、ISO-2022-JP、UTF-8 などがあります。通信やファイル交換では、送信者と受信者が同じ文字コードを使うことが大切です。これが合っていないと、まるで暗号のようになり内容を読み取れない「**文字化け**」が起きます。

イメージでつかもう！

● 1バイトで表される文字コード（ASCIIコード＋半角カナ）

Network ➡

4E	65	74	77	6F	72	6B

16進上位	16進下位	0	1	2	3	4	5	6	7	8	9	A	B	C	D	E	F
16進上位	10進	+0	+1	+2	+3	+4	+5	+6	+7	+8	+9	+10	+11	+12	+13	+14	+15
0	0	NUL	SOH	STX	ETX	EOT	ENQ	ACK	BEL	BS	HT	LF	VT	FF	CR	SO	SI
1	16	DLE	DC1	DC2	DC3	DC4	NAK	SYN	ETB	CAN	EM	SUB	ESC	FS	GS	RS	US
2	32		!	"	#	$	%	&	'	(	)	*	+	,	-	.	/
3	48	0	1	2	3	4	5	6	7	8	9	:	;	<	=	>	?
4	64	@	A	B	C	D	E	F	G	H	I	J	K	L	M	N	O
5	80	P	Q	R	S	T	U	V	W	X	Y	Z	[	\	]	^	_
6	96	`	a	b	c	d	e	f	g	h	i	j	k	l	m	n	o
7	112	p	q	r	s	t	u	v	w	x	y	z	{	|	}	~	DEL
8	128																
9	144																
A	160		。	「	」	、	・	ヲ	ァ	ィ	ゥ	ェ	ォ	ャ	ュ	ョ	ッ
B	176	‐	ア	イ	ウ	エ	オ	カ	キ	ク	ケ	コ	サ	シ	ス	セ	ソ
C	192	タ	チ	ツ	テ	ト	ナ	ニ	ヌ	ネ	ノ	ハ	ヒ	フ	ヘ	ホ	マ
D	208	ミ	ム	メ	モ	ヤ	ユ	ヨ	ラ	リ	ル	レ	ロ	ワ	ン	゛	゜
E	224																
F	240																

※ 青い背景は制御文字を表します（BS＝1文字後退、LF＝改行など）。
※ 日本語を取り扱う環境では \ を¥と表示するのが一般的です。

● 主な漢字コードと使い道

名称	主な使い道
UTF-8	Web サイト、電子メール、Windows/Mac/Unixのファイル
Shift-JIS	Windows のファイル、Webサイト
EUC-JP	Unix のファイル、Webサイト
ISO-2022-JP	電子メール

※ 近年はUTF-8を利用するケースが増えています。

コンピューターでは情報を
どう表しているか

　「コンピューターは０と１しか扱えない」、そんな話を聞いたことがある方は多いでしょう。しかし、私たちが目にするコンピューターは、文字も、写真も、動画も、音楽も、音声も、扱えています。０と１しか扱えないのは、昔のコンピューターだからでしょうか。いいえ、違います。今も昔も、コンピューターの内部で０と１しか扱えないことは、何ひとつ変わりません。

　これらの０と１は、コンピューターの中で、0＝電流が流れない状態、1＝電流が流れている状態、といった形で、物理的な現象に対応づけられます。この対応づけをすると、１本の電線を使って０と１を表すことができます。では、その電線を４本に増やすとどうでしょうか。１本の電線では０と１しか表せませんが、同じものを４本並べれば、全体の０と１の組み合わせは 16 通りになります。つまり０と１しか表せない電線を４つ使うことで、16 もの組み合わせが表せるようになります。コンピューターはこの組み合わせを数に見立てるのです。

　この時の０と１の並びの組み合わせは、二進数という数の表し方にそのまま対応します。線が８本なら 256 通りの組み合わせがあり、これは数の０〜255 に相当します。ふだんの生活ではなじみが薄い二進法ですが、コンピューターが数を取り扱う際の基本的な考え方として、とても大切な役割を果たしています。

　では、文字、写真、動画、音声などは、コンピューターでどう扱っているのでしょうか。その答えは「これらの情報を数値に変換して扱っている」です。どのような情報であれ、それを数値で表すことができれば、それをコンピューターで取り扱うことができます。写真に関しては、１枚の画像を細かいメッシュ（網目状）に区切って、その個々のメッシュについて赤、緑、青の明るさの値により色を表します。動画は写真をパラパラ漫画のようにすれば取り扱えます。音楽や音声については、その信号波形の高さを数値にして一定周期で集めれば、その音のデジタルデータになります。

ネットワークの
セキュリティ

安全にネットワークを利用するために必要不可欠なセキュリティ。その維持にあたり知っておきたい概念、技術、対策をこの章では取り上げます。近年、世の中を騒がせている標的型攻撃についても触れます。

01 情報セキュリティの3大要素

　情報を扱うネットワークやシステムは、そのセキュリティに十分な注意を払わなければなりません。情報に対するセキュリティのことを情報セキュリティといいます。**情報セキュリティは、機密性（Confidentiality）、完全性（Integrity）、可用性（Availability）の３つの要素からなり、これらをバランスよく維持しなければなりません。機密性**とは、許可のある人だけが情報を利用できる、それ以外の人には漏らさない、という性質です。この性質を脅かすもの（脅威）として、ネットワークに関しては盗聴などが、コンピューターに関しては本体やUSBメモリの盗難や不正アクセスによる情報漏えいなどがあります。**完全性**とは、情報が本来の内容で維持されている、という性質です。機密性が保たれていても、その内容が正しくなければ、情報の価値はなくなってしまいます。この性質への脅威として、ネットワークに関しては通信途中での情報改ざんなどが、コンピューターに関しては不正アクセスによる改ざん、ハードディスク故障によるデータ欠落、人為的な誤修正や誤削除、などがあります。**可用性**とは、情報が適切に使える状態になっている、という性質です。機密性と完全性を保ちたいからといって、情報を金庫の奥深くにしまっていても意味はありません。必要に応じて、適切に利用できてこそ価値があります。この性質への脅威として、ネットワークに関してはアクセスを集中させてサービス停止を狙うDoS攻撃などが、コンピューターに関してはシステム故障や停電などが挙げられます。

脅威、脆弱性、リスク、管理策

　情報に対しては上記の３要素を適切に維持したいわけですが、それを妨げる様々な「リスク」が存在します。そして、リスクの程度は「**脅威**」と「**脆弱性**」の程度で決まります。脅威とは、何らかの危害を与える恐れのある要因のことです。脆弱性とは、脅威に対する内在的な弱みを指します。そして、脅威が脆弱性を突くことにより危害を受ける可能性が「リスク」です。リスクを下げるための具体的な対策を「**管理策**」と呼びます。

● 情報セキュリティの3大要素

機密性
Confidentiality

許可のある人だけが情報を利用できる

完全性
Integrity

情報が本来の内容で維持されている

可用性
Availability

情報が適切に使える状態になっている

3つの頭文字を取って情報セキュリティの"CIA"と呼ばれます。

● 脅威、脆弱性、リスク、管理策の関係

管理策
監視カメラを取り付けて空き巣を牽制
　→ 脅威の程度を下げてリスクを減らす

脆弱性
ピッキングされうる鍵

空き巣の脅威があるところに、ピッキングされうるという脆弱性を鍵が持ち合わせているため、ここに「リスク」が存在する

脅威
空き巣

6

ネットワークのセキュリティ

02　暗号化と電子証明書

　インターネットは、ネットワーク同士を多数つないで構成されているため、「通信の全般にわたって誰もネットワークを覗いていないこと」を保証するのは困難です。そこで、万一、通信を覗かれても大丈夫なよう、大事な情報は暗号化してやりとりします。**情報を暗号にする（暗号化）時や、暗号にした情報を元に戻す（復号）時には、「暗号アルゴリズム」（暗号計算の手順を定めたもの）と「暗号鍵」を使います。**暗号鍵は、いわばパスワードのようなもので、厳重に管理しておく必要があります。

■ 共通鍵暗号と公開鍵暗号

　暗号化の方式のうち、**データの暗号化と復号に同じ鍵を使うものを、共通鍵暗号と呼びます。**共通鍵暗号は比較的少ない計算で済むのが特徴です。しかし、暗号化した情報を渡した相手に、復号するための鍵をどうやって渡すかが問題になります。インターネットが安全でないから暗号化して送ったのに、それを復号する鍵をインターネットで送っては意味がありません。これを解決するのが公開鍵暗号です。

　公開鍵暗号では、ペアになった「公開鍵」と「秘密鍵」の2つの鍵を使います。公開鍵は人に教えてよい鍵で、秘密鍵は自分だけが使うことのできる鍵です。公開鍵暗号を使うとき、データを送りたい人はまず、受取人の公開鍵を教えてもらいます。次に、それを使ってデータを暗号化して送ります。受取人は、そうやって受け取った暗号データを自分の秘密鍵を使い復号します。この方法を使って、共通鍵そのものを相手に送れば、前出の「共通鍵を安全に渡す」問題は解決するというわけです。公開鍵暗号は計算量が多いため、なるべく共通鍵暗号を使うことで処理効率を向上させます。

■ 電子証明書

　何らかの悪意や手違いで公開鍵が別人のものに差し替えられてしまうと、それで暗号化したデータは受領者本人が復号できず、別人が復号できることになってしまいます。これを防ぐために、本人の名前やメールアドレスと公開鍵をセットにして、信用できる人がそれに**デジタル署名（改ざん防止措置）**を施したものを、**電子証明書**と呼びます。電子証明書を使うことで、相手の正しい公開鍵を手に入れられます。

プラス1　デジタル署名は対象文書のダイジェスト値（文書内容から計算する値で、改ざんされると大きく変化する）を自分の秘密鍵で暗号化したものです。改ざん検出と本人確認ができます。

イメージでつかもう！

● 共通鍵暗号と公開鍵暗号

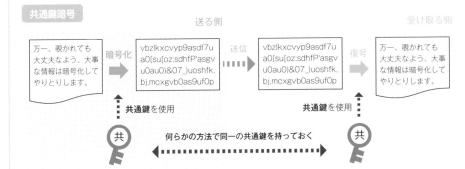

共通鍵暗号

送る側 / 受け取る側

万一、覗かれても大丈夫なよう、大事な情報は暗号化してやりとりします。 → 暗号化 → vbzlkxcvyp9asdf7ua0[su[oz:sdhfP'asgvu0au0)&07_)uoshfk,bj,mcxgvb0as9uf0p → 送信 → vbzlkxcvyp9asdf7ua0[su[oz:sdhfP'asgvu0au0)&07_)uoshfk,bj,mcxgvb0as9uf0p → 復号 → 万一、覗かれても大丈夫なよう、大事な情報は暗号化してやりとりします。

共通鍵を使用 / 共通鍵を使用

何らかの方法で同一の共通鍵を持っておく

公開鍵暗号

送る側 / 受け取る側

万一、覗かれても大丈夫なよう、大事な情報は暗号化してやりとりします。 → 暗号化 → hx0giasbfk.o:qlkvb-kashpisad@hfkkasgb-vbliwhidihasdfvp2ig-hio452oflm23rijoa → 送信 → hx0giasbfk.o:qlkvb-kashpisad@hfkkasgb-vbliwhidihasdfvp2ig-hio452oflm23rijoa → 復号 → 万一、覗かれても大丈夫なよう、大事な情報は暗号化してやりとりします。

公開鍵を使用 / 秘密鍵を使用

相手の公開鍵をあらかじめもらっておく

ペア

● 電子証明書のイメージ

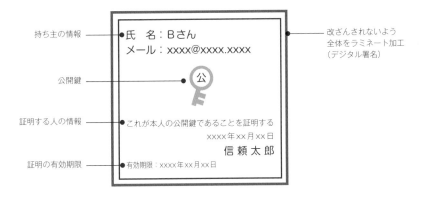

持ち主の情報 ──── 氏　名：Bさん
　　　　　　　　　　メール：xxxx@xxxx.xxxx

改ざんされないよう全体をラミネート加工（デジタル署名）

公開鍵 ──── 公

証明する人の情報 ──── これが本人の公開鍵であることを証明する
　　　　　　　　　　　xxxx年xx月xx日
　　　　　　　　　　　信頼 太郎

証明の有効期限 ──── 有効期限：xxxx年xx月xx日

6
ネットワークのセキュリティ

関連用語　SSH ▶ P.128　SSL/TLS ▶ P.120

03　不正侵入の防止

不正侵入とは

　不正侵入とは、システムが抱える脆弱性や設定不備などを狙い、正規のアクセス権がないにもかかわらず、社内ネットワークあるいはコンピューターに入り込むことを指します。入り込んだ後は、様々な手段により、システムの改ざん、機密情報の盗み見、各種情報の削除や書き換え、迷惑メールの発信元としての悪用、DoS（サービス妨害）攻撃の仕掛け元としての悪用、などが行われます。これらは、自ら被害を受けるだけでなく、他人にも迷惑をかける恐れがあります。社内ネットワークやコンピューターに入り込む経路としては、インターネットや、公衆網との接続ポイントなどが挙げられます。この他に、物理的にオフィスに入り込んでネットワークに接続したり、無線LANを不正使用したりする手口も考えられます。不正侵入を防ぐ対策は、侵入の対象や手口によって少しずつ違います。

不正侵入への対処が必要な理由

　なぜ不正侵入に対処しなくてはならないのかを直観的に理解するには、住居への不正侵入に置き換えてみるとわかりやすいかもしれません。大部分の人にとって、住居内は安全だと思う場所です。保険証やクレジットカードが放置されていたり、家族や恋人の写真が飾られていたり、機密情報や個人情報がそこかしこに置かれています。このような、安全だと考えて油断しているスペースに悪意を持つ者が侵入してしまうと、おのずと発生する被害は大きくなってしまいます。ふだんから、住居内でも大事なものを油断なく扱えばよいかもしれませんが、それを徹底するのは困難でしょう。こう考えていくと、「**まず大切なのは不正に侵入されないことだ。そのために何種類かの対策を合わせ技でやっておこう。そして、万一に備えて、家の中でも大事なものは丈夫な金庫に入れておこう**」といった結論に至るのは自然なことです。このような考え方は、組織のネットワークやコンピューターにも通ずるものです。外部からの不正侵入を防ぐために複数の対策を行うと同時に、内部にあるシステムであっても十分な対処を行い、さらに、働く人のセキュリティ意識を向上させる必要があります。

● 不正侵入とは脆弱性や不備を突いて侵入すること

インターネットなど

考えられる不正侵入の経路

- インターネットなどのネットワークを経由して
- 物理的にオフィスへ侵入して
- 無線LANを不正使用して　など

● 侵入を想定しない住居へもし侵入されたら

04 不正プログラム

　コンピューターやネットワーク機器に対して、何らかの悪意を持って危害を加えるソフトウェアを総称して、**不正プログラムまたはマルウェア**と呼びます。主なものとして、次のようなものがあります。ただし、近年では複数の機能を併せ持つものが増え、それぞれの境界はあいまいになってきています。

(1) **ウイルス** —— メール、USB メモリや CD-ROM/DVD などのメディア、Web アクセスなどを通して感染し、それ自身が自己増殖する機能を持っています。ウイルスはファイルに感染して、他のコンピューターへと感染を拡大します。ウイルスの被害には、コンピューターの遠隔操作のための裏口設置、乗っ取り、ファイルの盗み見、外部接続、キー操作の記録、システムの破壊などがあります。

(2) **ワーム** —— ウイルスと違って感染するファイル（宿主）を必要とせず単体で活動します。自己増殖機能を持っており、ネットワーク接続、メール、USB メモリなどを介して、自律的に他のコンピューターへと感染を広げます。ウイルスと同等な被害を起こすほか、迷惑メール送信、他のマルウェア組み込みなどを行うこともあります。

(3) **トロイの木馬** —— 主に人気アプリなどを装う形などでコンピューターに組み込まれるもので、自己増殖する機能は持っていません。ウイルスと同等な被害を起こすほか、他のマルウェアの組み込みなどを行うこともあります。

(4) **スパイウェア** —— 何らかのアプリに同梱されていて、アプリを組み込むと知らない間に一緒に組み込まれるものが一般的です。自己増殖する機能はなく、トロイの木馬の一種ともいえます。引き起こす被害は、ファイルの盗み見、キー操作の記録と送信など、パソコンに対してスパイ行為を働く不正プログラムです。

　他にも、ファイルを利用不可にして身代金を要求する**ランサムウェア**や、強制的に広告を表示したりスパイ行為を働いたりする一部の**アドウェア**などがあります。

　不正プログラムの形態は日々進化しており、悪意を持つ者とコンピューター利用者はいたちごっこの状況にあるのが実情です。そのため、万全の対策というものはありませんが、被害に遭わないために最低限、右ページに挙げた 7 つを気をつけましょう。

プラス1　不正プログラムの多くは OS やアプリに残されている弱点を狙うため、日ごろからアップデートを適用して最新状態を保つことが大切です。サポート切れ OS を使うのはやめましょう。

● 不正プログラム（マルウェア）の主な分類

名称	感染経路	自己増殖	ファイルへ再感染	主な被害
ウイルス	メール、メディア、Webアクセスなど	する	する	裏口設置、乗っ取り、ファイル盗み見、外部接続、キー操作記録、システム破壊など
ワーム	ネットワーク接続、メール、メディアなど	する	しない	システム停止、ファイル盗み見、迷惑メール送信、乗っ取り、他のマルウェア組み込みなど
トロイの木馬	アプリ、メール、メディア、Webアクセスなど	しない	—	裏口設置、乗っ取り、ファイル盗み見、外部接続、キー操作記録、システム破壊など
スパイウェア	アプリ、メール、メディア、Webアクセスなど	しない	—	ファイル盗み見、キー操作記録など

● ウイルスとワームの違い

ウイルス

・ファイルを媒介して感染
・自己増殖して感染拡大

添付ファイルを開くなどすると…

ワーム

・媒介なしで自律的に感染
・自己増殖して感染拡大

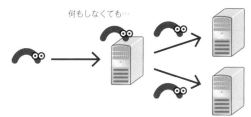

何もしなくても…

● 不正プログラムの被害に遭わないための七カ条

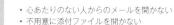

・心あたりのない人からのメールを開かない
・不用意に添付ファイルを開かない
・怪しげなWebサイトにアクセスしない
・出所不明のUSBメモリやCD-ROM/DVDを使わない
・OSやアプリを定期的にアップデートする
・アンチウイルスを導入して定期的に更新する
・セキュリティのためのルールを決める

05　ファイアウォールとDMZ

　オフィスにせよ、家庭にせよ、**何らかのネットワークをインターネットに接続する時には、ファイアウォールが最低限必要です**。ファイアウォールは、専用の装置として独立しているものと、ルーターなどに機能として内蔵されているものがあります。一般的に、中〜大規模なネットワークでは専用の装置を使い、小規模なネットワークや家庭などではルーターの内蔵機能を使うことが多いようです。

■ ファイアウォールの動作

　ファイアウォールには、いくつかの方式がありますが、ここでは最も広く使われている**パケットフィルタ型**を中心に説明します。パケットフィルタ型のファイアウォールは、インターネットと内部ネットワークの境界に設置して、**パケットのIPアドレスとポート番号を条件に、通信を許可／拒否します**。OSI参照モデルでいうと、ネットワーク層（IP）とトランスポート層（TCPやUDP）の条件に基づいて通信を制御しています。通常、内部ネットワークからインターネットへの接続は、比較的緩やかに許可されます。逆に、インターネットから内部ネットワークへの接続は、不正侵入を防ぐためほぼ完全に遮断します。ファイアウォールでの通過と遮断の判断を常に固定された条件で行うことを、**静的フィルタリング**と呼びます。これに対して、通信の進行状況に応じて刻々と条件を変えられるものを、**動的フィルタリング**と呼びます。また、動的フィルタリングのうち、TCPプロトコルの正しい動作に合致しているかチェックすることを、**ステートフルパケットインスペクション**と呼び、これに対応するものがより安全と考えられます。

■ DMZとは

　ファイアウォールの中には DMZ 機能を持つものがあります。DMZは、インターネットに完全にさらされた状態と、内部ネットワークのようなガッチリ保護された状態の、ちょうど中間的な保護状態のネットワークです。この**DMZには、Webサーバーやメールサーバーなどの外部へ公開するサーバーを設置します**。これらのサーバーは、一定の保護の下、インターネットのユーザーからのアクセスを受け付けます。

● ファイアウォールの接続イメージ

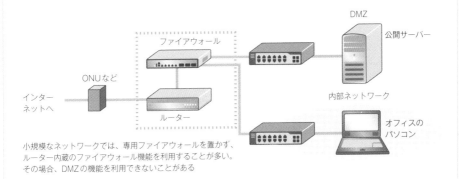

小規模なネットワークでは、専用ファイアウォールを置かず、
ルーター内蔵のファイアウォール機能を利用することが多い。
その場合、DMZの機能を利用できないことがある

ファイアウォール
（パケットフィルタ型）の仕組み

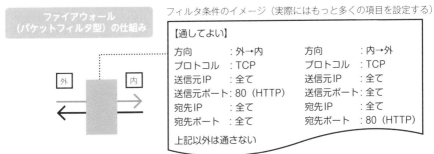

フィルタ条件のイメージ（実際にはもっと多くの項目を設定する）

【通してよい】

方向	：外→内	方向	：内→外
プロトコル	：TCP	プロトコル	：TCP
送信元IP	：全て	送信元IP	：全て
送信元ポート	：80（HTTP）	送信元ポート	：全て
宛先IP	：全て	宛先IP	：全て
宛先ポート	：全て	宛先ポート	：80（HTTP）

上記以外は通さない

● DMZにはインターネットからの接続を許可する

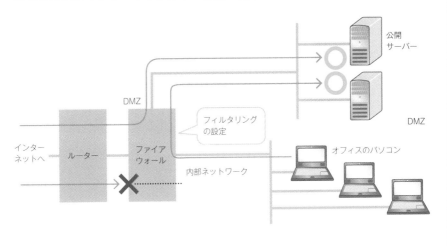

IPアドレス ▶ P.56　TCP ▶ P.50　公開サーバー ▶ P.178　ポート番号 ▶ P.58

6
ネットワークのセキュリティ

06 アンチウイルスと コンテンツフィルタリング

■ アンチウイルスとは

　アンチウイルスは、**主にメールに添付されて送られてくるウイルスやスパイウェアなどを検出して除去するサービス、またはソフトウェアです。**ワクチンソフト、ウイルス対策ソフトとも呼ばれます。アンチウイルスの機能は、メールサーバーかパソコン、またはその両方に持たせます。メールサーバーに持たせる場合、通常、利用者は特に設定などを考える必要はありません。メールにウイルスが検出されると、多くの場合、自動的にその駆除（場合によってはメールの削除）がなされ、メールボックスの安全性が保たれます。また、パソコンにアンチウイルス機能を持たせるには、OS 搭載のセキュリティ機能を使うか、あるいは、セキュリティソフトウェアをインストールします。**昨今のセキュリティソフトウェアは、アンチウイルス機能の他に、ファイアウォール機能、コンテンツフィルタ機能などを併せ持つのが一般的です。**メールサーバーとパソコンの両方でアンチウイルスを動かせば、検出傾向や検出精度が異なるものを併用でき、より安全性が高められます。ただし、1 台のパソコンに 2 種類のアンチウイルスを組み込んではいけません。アンチウイルス製品が不正プログラムを検出する方法には、大きく分けて、ウイルスの特徴を記録したパターンファイルと照らし合わせるシグネチャ法と、安全な状態でウイルスを動かしてみて振る舞いを調べるヒューリスティック法があります。アンチウイルスは通常、この両者を組み合わせて使用します。

■ コンテンツフィルタリングとは

　コンテンツフィルタリングは、**指定条件を満たす Web コンテンツの閲覧を制限する機能です。**組織で業務と無関係なサイトへのアクセスを禁止したり、家庭で子供が有害サイトを閲覧するのを防ぐためなどに用いられます。コンテンツフィルタリングには、Web サイトの URL を指定する方式と、コンテンツに含まれるキーワードを指定する方式の、大きく 2 種類があります。URL を基に制限を行う場合、アクセスしてよいサイトを指定するものを**ホワイトリスト型**、アクセスを禁止するサイトを指定するものを**ブラックリスト型**と呼びます。

プラス 1　Windows に標準搭載されるセキュリティソフトウェアの Microsoft Defender は、他社製セキュリティソフトウェアがインストールされると自動的にオフになり、併用による支障が出ないようになっています。

● サーバーとパソコンの両方にアンチウイルス機能があるとベター

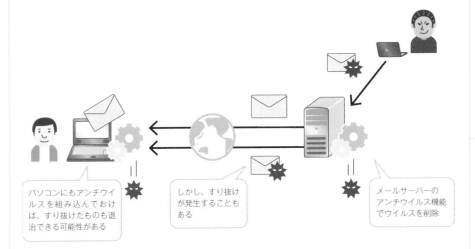

パソコンにもアンチウイルスを組み込んでおけば、すり抜けたものも退治できる可能性がある

しかし、すり抜けが発生することもある

メールサーバーのアンチウイルス機能でウイルスを削除

● 1台のパソコンに2つ以上のアンチウイルスを入れてはだめ

A社のアンチウイルス製品

B社のアンチウイルス製品

● コンテンツフィルタリングの主な方式

URLによる制限

指定するURLに一致、あるいは、一部にそれを含むサイトにアクセスさせない

ホワイトリスト型 アクセスしてよいサイトを指定する

ブラックリスト型 アクセスを禁止するサイトを指定する

コンテンツに含まれるキーワードによる制限

指定するキーワードを含むコンテンツにアクセスさせない

6 ネットワークのセキュリティ

07 IDSとIPS

　組織のネットワークでは、ネットワークへの不正侵入を防ぎながら、内部情報の流出を避けることが求められます。残念ながら、ファイアウォールだけで、これら全てを防ぐことはできません。そこで多くの場合、役割の異なる機器を組み合わせて、より手厚い対策を取ります。IDS（Intrusion Detection System：侵入検知システム）とIPS（Intrusion Prevention System：侵入防止システム）は、外部からの不正なアクセス、ふだんと違う異常な通信の発生（通信量、通信種別、振る舞いなど）、内部からの情報漏えいなどの検知や対策に用いる装置、あるいは、ソフトウェアです。IDSとIPSの違いは、そのアクションにあります。**IDSは異常を検出したら、システム管理者にメールなどで通報します**。一方、**IPSは即時に異常な接続を遮断すると共に、システム管理者にメールなどで通報します**。より自動化されたIPSのほうが進歩している装置に見えますが、異常の検出精度を100%にすることは難しいため、用途や場面に応じて使い分けられます。

　IDSやIPSで異常を検知するアプローチには、「**シグネチャによる不正検出**」と「**通常と違う状況を察する異常検知**」があります。前者は、あらかじめ登録されている攻撃パターンと類似度が高い時、それを異常とみなしてアクションを起こす方式です。登録パターンを常に更新する必要がある、未知の攻撃は検出できない、などの弱点があります。一方、後者は、登録パターンが不要で、未知の攻撃を検出できます。ただ、ふだんと違う使い方をした場合などに誤検出を引き起こす可能性があります。最近の製品では、これら両方を併用するものもあります。

■ ファイアウォールとの違い

　ファイアウォールは、IPアドレスやポート番号を手がかりに、ネットワーク層（IP）とトランスポート層（TCPやUDP）の世界でアクセス制限や防御を行います。アプリケーションがどのようなやりとりをしているかは、原則として関与しません。これに対して、**IDSやIPSは、アプリケーション層の通信状況も含めて検査を行います**。そのため、ファイアウォールでは異常とされず、すり抜けてしまった通信であっても、IDSやIPSの検査によって異常を検出することができます。

● IDSとIPSの違い

IDS　侵入検出システム
Intrusion Detection System

検出	通知

IPS　侵入防止システム
Intrusion Prevention System

検出	通知
防御	

誤検出した時のことを考えると、自動で防御までしてしまうのは、痛しかゆしな面もあります

● 検出方法は大きく2種類

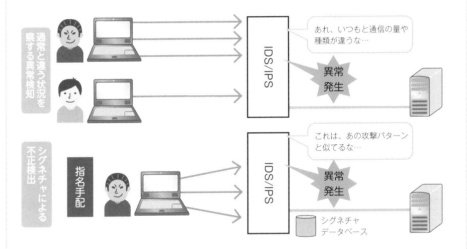

通常と違う状況を察する**異常検知**

あれ、いつもと通信の量や種類が違うな…

異常発生

シグネチャによる**不正検出**

指名手配

これは、あの攻撃パターンと似てるな…

異常発生

シグネチャデータベース

● IDS/IPSとファイアウォールは防御する世界が違う

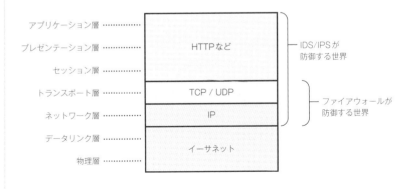

アプリケーション層	
プレゼンテーション層	HTTPなど
セッション層	
トランスポート層	TCP / UDP
ネットワーク層	IP
データリンク層	イーサネット
物理層	

IDS/IPSが防御する世界

ファイアウォールが防御する世界

08 UTMと 次世代ファイアウォール

セキュリティ機能をまとめて提供するUTM

　ネットワークのセキュリティを高めるための構成要素はいくつもありますが、これらをそれぞれ独立した機器で用意するのは大変です。特に小規模なネットワークでは、予算の点からも、管理の人手の点からも、許容範囲を超えてしまいがちです。そのような場合には、これらの機能が1つにまとまった、UTM（Unified Threat Management：統合脅威管理）と呼ばれる機器を使用するのも1つの方法です。

　UTMは、ファイアウォール、アンチウイルス、コンテンツフィルタリング、IPS、その他＋αの機能を1台にぎゅっと詰め込んだ機器です。ネットワークに必要なセキュリティ機能をまとめてUTMで済ませてしまえば、個別の機器を導入するよりもコストが安く済み、管理の手間も減らせるメリットがあります。ただ、ネットワーク性能の点で見ると、使い方によっては物足りないケースもあります。それに対して、個別の機器を用意する方法は、ネットワーク性能、柔軟性などの点で有利です。

次世代ファイアウォールとは

　昨今、アプリケーションごとの独自プロトコルを使わず、あえてHTTP（ポート80番）やHTTPS（ポート443番）を使うケースが増えてきました。これには、比較的制限が強いオフィスなどのネットワークでも、Webアクセスに使うポート80番や443番にはあまり利用制限がかかっていないことが背景の1つにあります。そのような状況に対して、ポート番号を頼りに通信を識別する従来のファイアウォールは役に立たなくなってしまいました。**どのアプリも全部80番または443番になってしまい、アプリを見分けることができなくなった**からです。**次世代ファイアウォール**は、このような問題にも対応できる新しいタイプのファイアウォールです。同じポート80番や443番を使っていても、それが何のアプリケーションであるかを識別して、必要なフィルタリングを行えます。また、HTTPSやSMTPSなどの暗号化された通信を復号して、その中身をチェックする機能を持つものもあります。UTMとは機能的によく似ており、UTMを発展させたものが次世代ファイアウォールだと思えばよいでしょう。

プラス1　これらとよく似たものにWAF（Web Application Firewall）があります。次世代ファイアウォールがWebを含む様々なアプリケーションに対応するのに対し、WAFはWebアプリケーションに特化してより深く強力な保護を行います。

● セキュリティ機能が1つにまとまったUTM

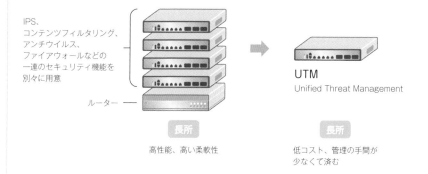

IPS、
コンテンツフィルタリング、
アンチウイルス、
ファイアウォールなどの
一連のセキュリティ機能を
別々に用意

ルーター

UTM
Unified Threat Management

長所
高性能、高い柔軟性

長所
低コスト、管理の手間が
少なくて済む

● 次世代ファイアウォールの動作イメージ

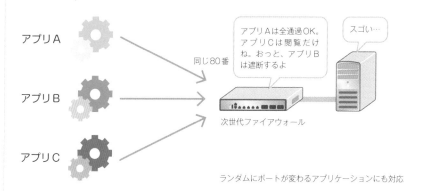

アプリA

アプリB

アプリC

同じ80番

アプリAは全通過OK。
アプリCは閲覧だけ
ね。おっと、アプリB
は遮断するよ

スゴい…

次世代ファイアウォール

ランダムにポートが変わるアプリケーションにも対応

● UTM、次世代ファイアウォール、WAFの違い

	典型的な適用規模	主な保護対象
UTM	小規模	オフィスネットワークやパソコン
次世代 ファイアウォール	中〜大規模	オフィスネットワークやパソコン、 各種サーバー
WAF※	小〜大規模	Webサーバー

※WAF（Web Application Firewall）はWebアプリケーションに特化した保護機能を提供するもの。

この表は分類の一例。各々の境界はややあいまいで、この他にも各種の分類があります。

6

ネットワークのセキュリティ

09 ソーシャルエンジニアリング

ソーシャルエンジニアリングとは

　セキュリティの脅威となるのは、何もネットワーク侵入や盗難ばかりではありません。実は、情報の取り扱いにかかわる人間の行動が、セキュリティに対する大きな脅威となることがしばしばあります。その代表例の１つがソーシャルエンジニアリングです。**ソーシャルエンジニアリングは、コンピューターやネットワークなどの技術を使用せず、昔ながらの人間対人間のやりとりを通して、機密情報を盗み出すことを指します。**典型的な手法が「電話でパスワードなどを聞き出す」というものです。上司や顧客になりすまして担当者に電話をかけたり、あるいは逆に、管理会社の担当者になりすまして顧客に電話をかけたりして、パスワードやドア解錠番号などの機密情報を聞き出します。いわばオレオレ詐欺と同様の手口です。他にも、背中越しにコンピューターの画面やキーボードを覗き込んでパスワードや暗証番号を盗み見る行為や、ゴミ箱を漁って捨てられた書類から機密情報を探して盗み取る方法もソーシャルエンジニアリングに分類されます。

ソーシャルエンジニアリングへの対策

　ソーシャルエンジニアリングは、いわゆるアナログな方法であることから、ややもすると見過ごされがちです。しかし、決して侮ることのできない脅威と考えて、十分な対策を行う必要があります。**電話でのなりすまし**に対しては、システムのパスワードやドア解錠番号などの機密情報は電話やメールでは教えず、対面あるいは書類による依頼を必須にする、といったルールを作ることが求められます。さほど機密性が高くない情報については、担当者の連絡先がわかるなら、電話をかけ直すといった対策も有効かもしれません。**背中越しに画面を覗く行為**に対しては、機密情報を入力する時は周囲を確認したり、入力部分を手で覆うなどの対策が考えられます。また**ゴミ箱漁り**に対しては、シュレッダー処理を義務づける他に、信頼できる業者に依頼して書類を溶解処理することも検討します。この他、例えば生年月日や電話番号などをそのままパスワードや暗証番号に使わないといったルールも必要です。

● **ソーシャルエンジニアリングは人間の隙をついて情報を盗むこと**

このやりとり、実在する人を名乗っているから大丈夫でしょうか？　もし、流出した名簿など
を見て、悪意のある人が名乗っていたら…？！

すいません、○○課の××で
すけど、ドアの解錠番号って、
変わったんでしたっけ？
開かないんですが…

ああ、××さん。おつ
かれさまです。入れませ
んか？特に変わってない
はずですけど…●◆■▼
で試してみましたか？

● **ソーシャルエンジニアリングの典型的な手法**

 電話によるなりすまし

 背中越しで機密情報の盗み見

 ゴミ箱の書類漁り

古くからある方法だから
と油断は大敵。

最大のセキュリティホー
ルは人間だとよく言われ
ます

対策を考えるにあたってのポイント

ソーシャルエンジニアリングは…

① ファイアウォールなどの技術的な対策や入退室管理など設備によ
る対策では、基本的に防げない
② 人間が取る行動に対するルール作りや、セキュリティ意識の啓蒙
が不可欠
③ 他のものから連想できるパスワードを使わないなど、機密情報自
体の設定方針も含めて検討する

10　標的型攻撃

　以前の不正プログラムは、様々な人を広く浅く無差別に攻撃するものでした。しかし、**近年は攻撃する標的を特定の組織に絞り、執拗に攻撃を行う「標的型攻撃」が急増しています**。特定の目標を徹底的に攻撃して、大きな悪意を達成しようとする標的型攻撃では、いわばオーダーメイドの攻撃といえるような、以前とは違う手法が用いられます。例えば、2015年6月に日本年金機構で発生した個人情報流出事件は、大規模な標的型攻撃の事例の1つとして知られています。標的型攻撃が用いられる背景には、組織における不正侵入への対策が進み、悪意を持つ者が外部から不正に侵入することが困難になったことが挙げられます。そこで編み出されたのが、何らかの方法で内部に足場を作り、そこを端緒として不正侵入を企てる方法です。この足場を作るために、**いかにもそれらしく装ったメールに不正プログラムを添付して送りつけたり、特定組織からアクセスした時だけ不正プログラムを組み込もうとするWebサイト**などが使われます。例えばメールであれば、別の不正侵入やソーシャルエンジニアリングなどで入手した個人情報を使い、非公開の業務用メールアドレス宛てに業務と関係がありそうに装ったメールを送りつける、といった具合です。「非公開の業務用アドレスに届くのだから」「内容が本物らしく見えたから」といった安易な理由で添付ファイルを実行してしまうと、それによって不正プログラムが組み込まれ、そのコンピューターに外部からアクセス可能な裏口（バックドア）が作られます。そうなってしまうと攻撃者の思うつぼで、以降はそのコンピューターを足場にして、様々な不正行為が行われてしまいます。

■ 考えられる対策

　標的型攻撃への対策は簡単ではありません。足場を作るための不正なメールは本物の業務メールなどを偽装しているため迷惑メールフィルタをすり抜けることがあり、また、不正プログラムはアンチウイルスで検出されない細工がなされていたりします。このように、現時点では決定打といえる対策はなく、クラウド内の仮想マシンで添付ファイルの挙動をチェックするような新しいサービスを導入しながら、人的な側面も含めて、総合的なセキュリティ対策を高めることが肝心だといわれています。

プラス1　事前入手した様々な情報を使い、綿密に練られた手口で攻撃が実行される標的型攻撃は、それが攻撃であると見抜くのも難しいことがあります。ふだんからの注意と啓蒙が肝心です。

● 標的を定め執拗に攻撃する標的型攻撃が増えている

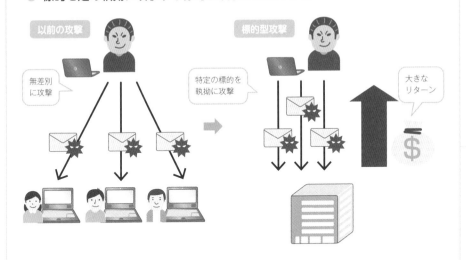

● 攻撃のイメージ

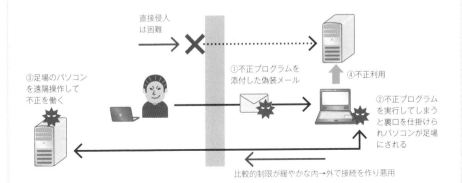

● 偽装メールの配送を阻止できない理由

* 独自の不正プログラムが使われることがあり、パターンファイルがないためアンチウイルスで検出できない

* ふだんやりとりしている正常なメールとそっくりの体裁や内容のため、迷惑メールフィルタをすり抜けてしまう

11 セキュリティポリシーの策定

　セキュリティポリシーとは、**組織のセキュリティを良好に維持するための方針や行動をまとめた一連の取り決めのこと**です。すでにネットワークを利用している組織であれば、セキュリティポリシーを定めていることが多いでしょう。セキュリティについてはよく「蟻の穴から堤も崩れる」の言葉が引用されます。いくら強固に作ったつもりでも、どこか一部に小さな欠陥があると、そこから全体が崩れてしまう、という意味です。たとえ数名だけの営業所であっても、本社などとネットワークでつながっているのであれば、心してセキュリティに取り組む必要があります。まだセキュリティポリシーがない場合は、いずれそれを作るべきです。ただし、本気で作ろうと思うとなかなか大変で、経営層まで巻き込んで網羅的に作る必要があります。しかし、それが出来上がるまでセキュリティは放置というわけにはいきませんので、ネットワークを導入したら、まずは運用ルールだけでも作るとよいでしょう。

管理策を作る時のポイント

　情報に対するセキュリティ（情報セキュリティ）を維持するための具体的な対策を、**管理策**と呼びます。管理策を考える時は、ただ思いつくものを挙げるのではなく、技術的対策、物理的対策、人的対策に分類して考えるべきです。**技術的対策**とは、セキュリティを保つのに何らかの技術的な仕組みを使うものを指します。いわゆるネットワークのセキュリティ対策はこれにあたり、具体例としては、ファイアウォール、アンチウイルス、IDS などが挙げられます。**物理的対策**とは、セキュリティを保つのに物理的な機構を使うものを指します。これは、ネットワークとは無関係に、従来から行われてきたものに該当します。具体例としては、入退室管理、サーバー室の施錠、警備員巡回などがあります。**人的対策**は、セキュリティを保つのに人間の行動に注意を払うものを指します。ソーシャルエンジニアリングからの防御なども、この分類に含まれます。具体例としては、パソコンやメディアの持ち込み・持ち出し制限、メールの添付ファイル利用制限、機密情報発信の禁止などがあります。管理策は一度作ればよいものではなく、**PDCA サイクル**を用いて継続的にブラッシュアップしていくことが大切です。

プラス1　一般にセキュリティを高めれば利便性が下がります。逆もまたしかりです。これらセキュリティと利便性のちょうどよいバランス点を見つけるためにも PDCA サイクルは有効な手法です。

● **セキュリティポリシーが出来上がるまでは運用ルールで**

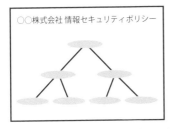

○○株式会社 情報セキュリティポリシー

きちんと作るにはそれなりに時間がかかるので…

ネットワーク運用ルール

セキュリティポリシーが出来上がるまでの間、ネットワーク運用ルールを作って、それに沿って運用するのは1つの方法

● **管理策は3つに分類して考える**

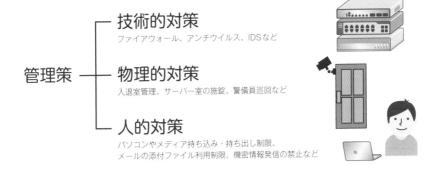

管理策
- **技術的対策**
  ファイアウォール、アンチウイルス、IDSなど
- **物理的対策**
  入退室管理、サーバー室の施錠、警備員巡回など
- **人的対策**
  パソコンやメディア持ち込み・持ち出し制限、メールの添付ファイル利用制限、機密情報発信の禁止など

● **管理策はPDCAサイクルでブラッシュアップ**

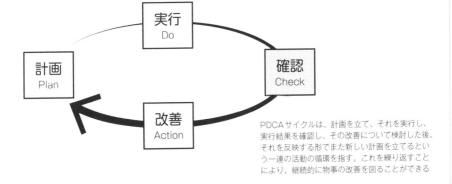

実行 Do
確認 Check
計画 Plan
改善 Action

PDCAサイクルは、計画を立て、それを実行し、実行結果を確認し、その改善について検討した後、それを反映する形でまた新しい計画を立てるという一連の活動の循環を指す。これを繰り返すことにより、継続的に物事の改善を図ることができる

6
ネットワークのセキュリティ

セキュリティの新しい考え方 「ゼロトラスト」

　近年、企業のネットワークを中心にセキュリティの新しい考え方「ゼロトラスト」が注目されています。

　従来のセキュリティの考え方では、例えば組織内のネットワークは安全なエリア、それより外は危険なエリアといった形で、安全なエリアと危険なエリアを明確に区分けしました。そして、その境界となるところで厳格な認証やチェックあるいは暗号化を施すことで、リスクとなる要素が安全なエリアに入り込むことをシャットアウトする、という考え方を採りました。また、安全とすべきエリアを安全に保つため、そこに接続する機器は、それが十分に安全であることを事前にチェックする「検疫」を必須としました。その上で、安全なエリアにある端末やサーバー同士はお互いを信頼して、厳格な認証やチェックあるいは暗号化などを求めないことも許容するという考え方が採られました。

　これに対しゼロトラストでは「この範囲に存在している相手は信頼できる」とする安全なエリアを想定しません。つまり、どこであっても基本的に相手を信頼せず、厳格な認証やチェックあるいは暗号化を求める、という考え方を採ります。そのような考え方が注目される背景には、昨今、外部クラウドとの接続や個人用端末の業務利用（BYOD）などが浸透したことで、きっちり境界を決めて、ここから先は「無菌状態」が保たれていて確実に安全なエリアである、と定めることが容易でなくなったことが挙げられます。

従来からのセキュリティの考え方

外部　　　　境界　　　内部（安全）

厳格に対応

緩やかに対応

信頼する

・接続機器は検疫済み
・外部接続は限定的

ゼロトラストでの考え方

外部　　　　境界　　　内部

厳格に対応

厳格に対応

信頼しない

・個人端末も接続（BYOD）
・外部クラウドを多用

ネットワークの
構築と運用

この章では、自らの手でネットワーク
を構築し運用する時に求められる、
様々な知識やコツを取り上げます。
ネットワークの監視方法やトラブル対
応の定石は、きっといつか役に立つ
でしょう。

01 ネットワーク構成の設計

設計の重要性

　ネットワークの構築を行う場面として、既存のネットワークに新たなネットワークを追加するケースと、全く新たにゼロから作るケースが考えられます。このいずれの場合にも、最初に十分な設計の時間を取る必要があります。きちんと設計しておくことで、いまのニーズを満たすだけでなく、将来のニーズにも対応できる、息の長いネットワークを作ることができます。

設計の手順

　ネットワークの設計では、考慮すべき要素が多岐にわたります。そのため、設計の手順もそれなりに複雑で手間がかかるものになります。ここでは、ネットワークの設計で最低限検討する必要があるものに絞って取り上げます。実際の設計は、これよりもさらに複雑になります。

　最初に行うべきことは、**ネットワークの利用に関する調査**です。利用人数、利用曜日と時間帯、接続端末数、接続方法（有線、無線）、ユーザーの種別（従業員、来客）、利用するアプリケーション、利用する WAN 回線、セキュリティ上の注意事項、などを調べます。例えば、**利用人数**は、後でサブネットの構成を検討する際の基礎データになります。**利用するアプリケーション**は、ルーターやファイアウォールでのパケットフィルタの設定、さらに、用意すべきセキュリティ機器の選定などに反映されます。また、各項目については、現在の情報と共に、将来どのように変化する見込みであるかも検討しておくとよいでしょう。こうすることで、将来を見込んだ設計が可能になります。ここで行った調査の結果はファイリングなどでひとまとめにしておきます。**後々の運用で「なぜ、この設計にしたのか？」と振り返る時に、その理由を簡単に探し出すことができる**からです。

　調査を終えたら、LAN の構成→ WAN の構成→セキュリティ→監視、の順に設計を進めます。なお、来客の便宜を図るために**従業員以外へインターネット利用を許可する**予定がある場合は、それが社内ネットワークへの侵入を許す弱点にならないよう十分に配慮します。

● ネットワーク構築は設計から

ネットワーク構築は、まず設計から。いま何が必要か、将来何が必要かを見極めて、それに沿って設計を進めます。

ネットワーク設計の大まかな流れ

事前に調査する項目の例

- 利用人数
- 利用曜日と時間帯
- 接続端末数
- 接続方法（有線、無線）
- 利用するアプリケーション
- 利用するWAN回線
- セキュリティ上の注意事項
- ユーザーの種別（従業員、来客）

  など

利用人数調査票の一例

部署名	繁忙期／平日の人数			繁忙期／休日の人数			閑散期／平日の人数			閑散期／休日の人数			会社物品の台数		個人物品の台数	
	朝	昼	夜	朝	昼	夜	朝	昼	夜	朝	昼	夜	PC	スマホ	PC	スマホ
合計																

7

ネットワークの構築と運用

関連用語 WAN回線 ▶ P.22　インターネット接続 ▶ P.176　監視 ▶ P.190　サブネット構成 ▶ P.172
パケットフィルタ ▶ P.154

02 サブネット構成と IPアドレス割り当て

サブネット構成

　組織のネットワークは、よほど小規模な場合を除き、全体を1つのネットワークとして構成することはしません。適宜、小さなサブネットに分割して、それぞれを接続する構成にします。これを行うため、あらかじめ調査しておいた部署ごとの端末状況を基に、どのようにサブネットに分割するかを検討します。**通常は、同じ部署を1つのサブネットとするのが一般的です。**ただ、同じ部署であっても物理的に離れている場合や、1つの部署にもかかわらず端末数が飛び抜けて多い場合は、別のサブネットに分けることもあります。

IPアドレス割り当て

　サブネットの分割方針が決まったら、各サブネットにネットワークアドレスを割り当てます。通常、割り当てるのはプライベートIPアドレスです。その際には、**部署ごとの端末数に対してIPアドレスに十分な余裕があるよう、サブネットマスクを決めます。**例えば、接続する端末数が最大でも数十台程度のサブネットであれば、192.168.1.0/24のネットワーク（254台接続可能）を使うといった具合です。プライベートIPアドレスは自由に利用できるため、見積もりの誤差や想定外の端末増なども織り込んで、あまりケチらずに割り当てるとよいでしょう。可変長サブネットマスクを使ってサブネットごとにプレフィックス長を変えることもできますが、特に支障がないのであれば、**プレフィックス長は各サブネットで同じ値にしておくほうが、運用では楽なことが多い**ようです。

ルーティング

　ネットワークの使い方によっては、特定のサブネット間で相互に通信させないこともあります。そのような使い方をする場合は、どのサブネットとどのサブネットの間の通信を禁止するかを決めます。最終的にこの内容は、各ルーターのルーティングテーブル、あるいは、フィルタに反映されることになります。

プラス1　潤沢にグローバルIPアドレスを所有するなら、オフィスの全てのパソコンにそれを割り当てることも可能です。ただNAPTを介すほうが管理面で有利なため、あまり行われません。

● サブネットは部署を単位にすることが多い

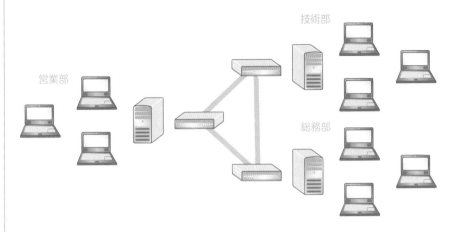

● サブネットにIPアドレスを割り当てる

部署名	最大利用台数	使用サブネット	接続可能台数
営業部	20台	192.168.1.0/24	254台
技術部	40台	192.168.2.0/24	254台
総務部	10台	192.168.3.0/24	254台

● サブネット間の通信可否を設定する場合もある

	営業部	技術部	総務部
営業部		―	―
技術部	×		―
総務部	○	○	

もっと細かく、どちらから接続を始めるかに分けて、通信の可否を決めることもあります。その場合は、例えば見出し行を接続元、見出し列を接続先と考えて、左の表では「―」としているマスにも○や×を書き込みます

03 ハードウェアと ソフトウェアの選択

■ ネットワーク機器の選択

　組織のネットワークで用いるルーターやスイッチなどのネットワーク機器は、その停止が業務停止に直結するため、いい加減なものは選べません。それらの評価のポイントには、安定性、相互接続性、性能、機能、サポート、価格、などが挙げられます。また、設置台数が多いスイッチやハブは、消費電力も考慮するとよいでしょう。

■ サーバーの選択

　近年、サーバーの選択は、クラウド（他社データセンターのサーバー機能を利用する形）にするかオンプレミス（組織内にサーバーを持つ形）にするか、から検討を始めるのが一般的になりました。クラウドについては、セキュリティ、社内ネットワークからの安全なアクセス方法、反応速度、従量課金なら利用料の程度、などの検討が必要です。一方、オンプレミスでは、適切な空調が整った設置場所の用意、停電や災害への対策、バックアップのやり方、などを検討しなければなりません。サーバーの仕様は、CPU の種類、メモリの容量、ハードディスクの容量、RAID の方式、ネットワークインタフェースの速度などが、使用目的に合致しているものを選択します。オンプレミスのサーバーと違い、**クラウドのサーバーは、契約後でも仕様の一部を自由に変更できるものが多くあります**。必要な仕様の推測が難しい場合には、クラウドサーバーを使うのも 1 つの方法です。

　サーバーに使用する OS の種類は、通常、動かす必要のある業務システムや、使用するアプリケーションの種類から決まります。自由に選べるなら、Linux の管理スキルがあれば Linux を選び、なければ Windows を選ぶという方法も考えられます。クライアントパソコンはあまり選択肢がなく、Windows を使うことがほとんどでしょう。アプリケーションについても、業務上必要なものはおのずと決まることが多いと考えられます。アプリケーションの中には、購入価格に加えて、月単位や年単位で利用料金がかかるものもあります。もし、**サイトライセンス**（拠点一括での利用権）があれば利用を検討するとよいでしょう。

プラス 1　柔軟に構成を変更できるといったクラウドの特徴を生かすため、大企業などでは自社専用サーバーで社内向けのクラウドを動かすことがあります。プライベートクラウドと呼ばれます。

● ネットワーク機器の検討ポイント

安定性	24時間365日いつも正常に動作し続ける
相互接続性	相手と正しく接続できて所定の動作を果たす
性能	十分な処理能力を持つ
機能	ネットワークに求められる機能が搭載されている
サポート	技術的な問い合わせに答える窓口がある。 故障修理がスムーズに行える
価格	予算の範囲内に収まる

● オンプレミスにするかクラウドにするか

オンプレミス

クラウド

VM

近年では利用者が自由にサーバースペックを強化できるものも多い

検討ポイント

- 空調が整った設置場所の用意
- 停電や災害への対策
- バックアップ
- スペック強化の必要性の有無

検討ポイント

- セキュリティ
- 社内からの安全なアクセス方法
- 反応速度
- 従量課金の場合は利用料の程度

● アプリケーションの選択ポイント

購入料金とは別に利用料金がかかるものもあるので、そこも踏まえて経費を考えましょう。

　　購入価格　　× 台数　… 買った時にかかる

＋）利用料金 × 期間 × 台数　… 毎月あるいは毎年かかる

──────────────────────

　アプリケーションにかかる経費

利用料金

利用料金

利用料金

購入価格

関連用語　クラウド ▶ P.112

7

ネットワークの構築と運用

04 インターネットとの接続

オフィスや家庭のネットワークをインターネットへ接続するにあたっては、インターネット接続サービスを提供する会社を選ぶ必要があります。光回線が主流となった現在、インターネットを利用するには、**アクセス回線サービス**（主に NTT や KDDI などの通信事業者が提供）と **ISP サービス**（プロバイダーと呼ばれるインターネット接続事業者が提供）の 2 つを組み合わせて使用するのが基本形です（一部、この 2 つを一括して提供するケースもあります）。両者の組み合わせは、選択するアクセス回線サービスなどによって、自由に選べるケースと選択肢が限られるケースがあります。インターネット利用を申し込む方法としては、（1）アクセス回線サービスと ISP サービスを別々に申し込む、（2）アクセス回線サービスとセットで ISP サービスを申し込む、（3）ISP サービスとセットでアクセス回線サービスを申し込む、（4）光コラボレーション事業者に申し込む、などがあります。最後の光コラボレーション事業者とは、NTT などからアクセス回線サービスを仕入れ、自社サービスとして販売する会社のことです。インターネットとは直接関係ない会社が提供していることもあります。

■ アクセス回線で確認しておきたいこと

アクセス回線とは、**最寄りの電話局からオフィスや家庭までつながる光回線**のことです。アクセス回線を決める際には、料金や最低契約期間の他に、（1）設置場所がサービス提供地域かどうか、（2）必要な時期までに開通できるかどうか、（3）事業者指定のルーターを使う必要がある場合は、その性能や機能が自身の要求に合っているかどうか、（4）設置場所で使用できる屋内配線の種類、などを確認しておきます。これらはインターネット利用を申し込む会社に質問すれば教えてもらえるはずです。

■ ISP の選び方

インターネットを利用する時の実効速度は、アクセス回線サービスだけでなく、ISP サービスによっても変わります。ただ、その速度を申し込み前に測る方法がないため、スピードテストサイトなどを参考に決めるしかありません。比較をする時には、ISP 名の他に、都道府県や時間帯などの条件も合わせるように注意しましょう。

● 光回線を使ったインターネットの代表的な形態

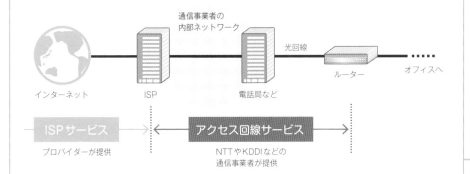

● アクセス回線で確認しておきたいこと

料金、最低契約期間の他にも・・・

(1) 設置場所がサービス提供地域かどうか

(2) 必要な時期までに開通できるかどうか

(3) 事業者指定のルーターがある場合は性能や機能が十分か

(4) 設置場所で使用できる屋内配線の種類（光配線、VDSL、LAN）

などを確認するとよいでしょう

ちなみに、屋内配線の
種類では、光配線が一
番速くて安定します

● 実効速度はアクセス回線とISPの両方から影響を受ける

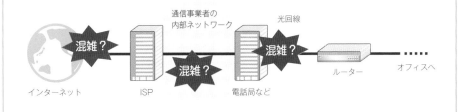

7

ネットワークの構築と運用

05 サーバーの公開

ファイアウォールへの DMZ 設定

　組織所有のサーバーをインターネットに公開する方法としては、組織の建物内にサーバーを置く、データセンターにサーバーを置く、クラウドサーバーを利用する、などがあります。ここでは、組織の建物内にサーバーを置くケースを説明します。組織の建物内にサーバーを置く場合、**安定した空調と電源を確保できるスペースにサーバーを設置すると共に、ファイアウォールに DMZ を設け、そこにサーバーを接続します**。また、必要に応じてフィルタリング設定の追加や、負荷分散のためのロードバランサーを設けるなどします。

固定 IP アドレス

　公開するサーバーは、外部からアクセスできる必要があります。そこで通常、**固定されたグローバル IP アドレス**を割り当てます。これは ISP が提供するサービスです。多くの ISP が「固定 IP アドレスサービス」などの名称でこれを提供しています。また、Web サーバーなどを公開した場合、Web サーバーからのデータ読み出しが、ISP の接続で上り方向（組織→ ISP）にあたるため、必然的に上りの通信が増えます。もし個人向けの接続サービスを利用していて、上り方向の通信量制限が問題になる場合は、制限の少ない法人向けの接続サービスなどを検討する必要があります。

ドメイン名の取得と DNS の設定

　公開するサーバーには、多くの場合、**ドメイン名**を割り当てます。ドメイン名はレジストラやリセラで利用申請をします（3-04 節参照）。そうして取得したドメイン名を実際に使うには、そのドメイン名のための **DNS サーバー**（コンテンツサーバー）を最低 2 台用意して、その IP アドレスなどをレジストラやリセラに登録申請する必要があります。これを行うことで、インターネットの DNS で名前解決が行われるようになります。なお DNS サーバーは、自分で用意する他に、レジストラや ISP あるいはクラウド事業者などが提供するサービスを利用する方法があります。

● サーバー公開に必要な設定

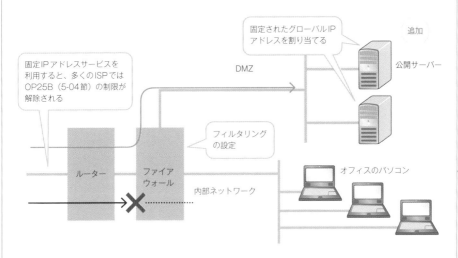

固定IPアドレスサービスを利用すると、多くのISPではOP25B（5-04節）の制限が解除される

固定されたグローバルIPアドレスを割り当てる

追加

公開サーバー

DMZ

フィルタリングの設定

ルーター

ファイアウォール

内部ネットワーク

オフィスのパソコン

7 ネットワークの構築と運用

● 個人向けのISP接続サービスでは上りの通信量制限に注意

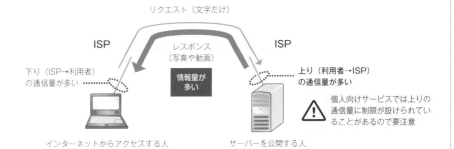

リクエスト（文字だけ）

ISP

レスポンス（写真や動画）

情報量が多い

ISP

下り（ISP→利用者）の通信量が多い

上り（利用者→ISP）の通信量が多い

個人向けサービスでは上りの通信量に制限が設けられていることがあるので要注意

インターネットからアクセスする人

サーバーを公開する人

● ドメイン名の取得とDNSサーバー設定の流れの一例

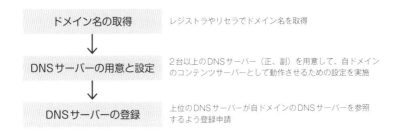

ドメイン名の取得 — レジストラやリセラでドメイン名を取得

↓

DNSサーバーの用意と設定 — 2台以上のDNSサーバー（正、副）を用意して、自ドメインのコンテンツサーバーとして動作させるための設定を実施

↓

DNSサーバーの登録 — 上位のDNSサーバーが自ドメインのDNSサーバーを参照するよう登録申請

06 Windowsの ワークグループとドメイン

ワークグループの概要

　オフィスなどに多く使われる Windows のネットワークでは、ワークグループと ドメインという 2 種類のユーザー管理のスタイルが主に使われています。

　ワークグループとは、同じワークグループ名を設定しているコンピューター同士 で、コンピューターの一覧や、各コンピューターに用意した共有フォルダーの一覧な どを見ることができる、というものです。**ユーザー名とパスワードは、それぞれのコ ンピューターで管理しています。**例えば共有フォルダーを開く際には、共有フォルダー があるコンピューターに登録されているユーザー名とパスワードを入力します。ユー ザー名とパスワードがコンピューターごとに独立しているため、あるコンピューター でパスワードを変更しても、それは他のコンピューターには反映されません。そのた め多数のコンピューターが存在するネットワークでは、その管理がかなり煩雑になっ てしまいます。このような理由から、ワークグループは、コンピューターの台数が少 ない小規模なネットワークでよく使われています。

ドメインの概要

　もう 1 つのユーザー管理スタイルであるドメインでは、**ユーザー名とパスワード をドメインコントローラーと呼ばれるサーバーで集中管理します。**各コンピューター はドメインに参加することで、ドメインコントローラーへのアクセスが可能になり、 ドメインコントローラーに登録されているユーザー名とパスワードでユーザー認証を 行えるようになります。共有フォルダーの例でいえば、共有フォルダーにアクセスす るための設定をそのドメインユーザーに対して行っておけば、そのドメインにログオ ンしたユーザーは共有フォルダーにパスワードなしで自由にアクセスできるようにな ります。ドメインでは、ユーザー名とパスワードが集中管理されているため、一度パ スワードを変更すれば、それが以降の全ての認証に反映されます。このようなメリッ トがあることから、ドメインは主に大規模なネットワークで用いられています。

プラス1 ワークグループの場合でも、ユーザー名とパスワードが完全に一致するコンピューター同士では、共 有フォルダーを開くのにユーザー名とパスワードの入力は求められません。

イメージでつかもう！

● ワークグループはユーザーを個別に管理

● ドメインはユーザーを集中管理

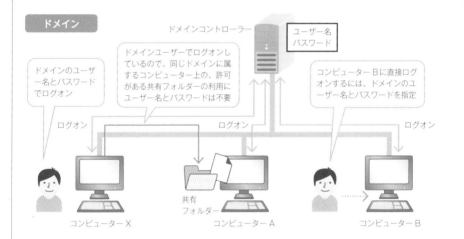

● ワークグループとドメインの比較

ワークグループの特徴	ドメインの特徴
・ 小規模ネットワーク向き ・ 手軽に利用できる ・ コンピューターの台数が多くなるとユーザー名とパスワードの管理が大変	・ 大規模ネットワーク向き ・ Windows Server が必要 ・ ユーザー名とパスワードは集中管理されるので台数が多くても管理がスムーズ

関連
用語　Active Directory ▶ P.182　Windows Server ▶ P.174

07 ディレクトリサービス

■ ディレクトリサービスとは

　ディレクトリ（directory）には、もともと住所氏名録という意味があります。電話帳はその一種で、「××××さんは、○○株式会社○○課所属、電話は xxx-xxxx 番」といった形で対象と所在と連絡先を対応させて集積しておき、必要に応じてそれを参照して利用します。これと類似した考え方で、**コンピューターやネットワーク機器の所在、固有情報、設定などの対応を集積しておき、それを提供するサービスをディレクトリサービスと呼びます。**コンピューターのディレクトリサービスは、比較的規模が大きなネットワークで利用されます。その理由は簡単で、小規模なネットワークではコンピューターなどの数が少なく、情報の管理は簡単なメモでも事足りてしまうからです。

■ ディレクトリサービスで扱う情報

　一般にディレクトリサービスで取り扱える情報としては、ユーザー ID、パスワード、メールアドレス、共有フォルダー情報、共有プリンター情報、サーバー情報などがあります。ディレクトリサービスでは、ユーザー ID やパスワードを取り扱えることから、単純な情報参照にとどまらず、**ログイン処理を行う際に、ユーザー情報を持つデータベースとして参照される**ことがあります。その場合、ディレクトリサービスの停止がネットワークにログインできないなどの深刻な事態につながりますので、通常、ディレクトリサーバーを複数台設置したり、分散して設置したりする対処がなされます。

■ ディレクトリサービスの種類

　ディレクトリサービスにアクセスするプロトコルとしては、$\overset{\text{エルダップ}}{\textbf{LDAP}}$（Lightweight Directory Access Protocol）が多く用いられます。主なディレクトリサービスには、Linux、Windows、macOS などで動くオープンソースの **OpenLDAP**、Windows Server に搭載される **Active Directory**、Linux で動く 389 Directory Server などがあります。

● ディレクトリとはもともと住所録を指す言葉

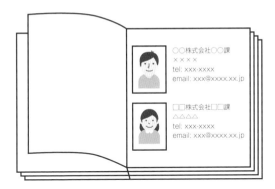

○○株式会社○○課
××××
tel: xxx-xxxx
email: xxx@xxxx.xx.jp

□□株式会社□□課
△△△△
tel: xxx-xxxx
email: xxx@xxxx.xx.jp

7

ネットワークの構築と運用

ディレクトリサービスは、ネットワークの利用者が少ないときはあまり必要とされませんが、利用者が増え、IDやパスワードといった利用者ごとの情報を一元的に管理したい場面で威力を発揮します

● ディレクトリサーバーで管理する情報をクライアントから参照

クライアント

ディレクトリサーバー

参照／登録

ユーザー ID
パスワード
メールアドレス

共有フォルダー情報
共有プリンター情報
サーバー情報　など

ログインなどの認証に使う場合は複数台設置したり分散して設置をして故障に備えるのが一般的

● 代表的なディレクトリサービス

Open LDAP	多くのOSで使えるオープンソース
Active Directory	主にWindowsで使用
389 Directory Server	主にLinuxで使用

関連用語　Linux サーバー ▶ P.174　Windows ドメイン ▶ P.180

08 LAN配線の敷設と加工

　オフィスのLAN配線は、自分でやる方法と専門業者に任せる方法があります。LAN配線自体はさほど難しい作業ではありませんが、**配線が部屋や階をまたがるケースや、配線本数があまりに多いケースでは、専門業者に任せたほうがよいでしょう。**

■ 専門業者に任せる時のポイント

　専門業者に任せる場合、まず業者選びがポイントになります。できれば知り合いに紹介してもらうのが安心ですが、それが無理な場合は、業者とやりとりをする中で依頼して大丈夫そうか見抜くしかありません。専門業者に依頼する場合、打ち合わせ、現地調査、見積もり、契約／発注、施工、保守、といった流れになるのが一般的です。

■ 自分で配線工事をする時のポイント

　LAN配線を自分でやる場合、ケーブルや必要な資材選びから始めます。LANケーブルには、市販の完成品を使う方法と、必要な長さにケーブルを切り、コネクタを取り付けて自分で作る方法があります。**ケーブルを自作すると好きな長さのケーブルが作れて価格も抑えられますが、加工の手間がかかります。**ケーブルを加工する場合は、所定の場所にLANケーブルを通した後、専用工具を使って両端にLANコネクタを取り付けます。そしてケーブルテスターで正しく加工できたかどうかをチェックします。これらの工具類、LANケーブル、そしてLANコネクタは、使用するイーサネットの規格に合わせて選択します（4-01節）。同じイーサネット規格のケーブルであっても、取りまわししやすいように細いものや、カーペット下を通せるよう平たくなっているものなど、それぞれ特徴があります。配線する現場の状況に応じて選択するとよいでしょう。また、ケーブルには単線とより線の2種類があり、**単線のほうが伝送効率がよいため、配線長が長くなる場合は単線を選ぶほうがよい**といわれています。ただし、単線は物理的な力にやや弱いため、ケーブルの取り扱いには注意が必要です。LAN配線が床上や壁を這う部分は**モール**をかぶせ、ケーブルを保護すると同時に美観を損なわないようにします。モールは壁や床の色と合わせ、また、各ケーブルをなるべく同じルートに通して、モールが増えすぎないようにするとよいでしょう。

プラス1 カテゴリー6以上のケーブルは内部構造がやや複雑なことから、ケーブル加工やコネクタ圧着に少し慣れが必要です。また一般に、ケーブルを自作できるのはカテゴリー6Aまでになります。

イメージでつかもう！

● 専門業者に任せる場合の流れ

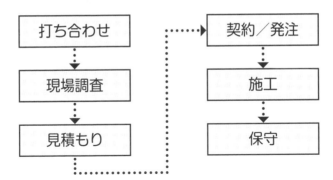

● LANケーブルは自作も可能

ケーブルとコネクタ、いくつかの道具があれば、必要な長さのLANケーブルを自作できます。

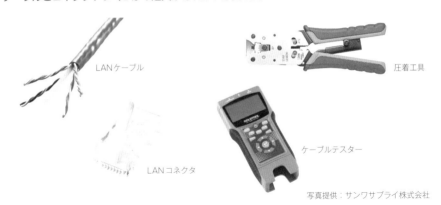

LANケーブル

圧着工具

ケーブルテスター

LANコネクタ

写真提供：サンワサプライ株式会社

ケーブルを床に這わせるときは、保護用のモール（ケーブルカバー）をかぶせて保護します。

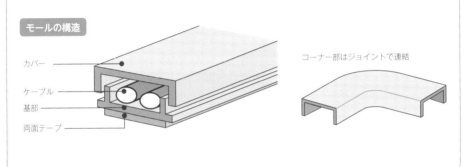

モールの構造

カバー
ケーブル
基部
両面テープ

コーナー部はジョイントで連結

7

ネットワークの構築と運用

関連
用語　イーサネット ▶ P.98　ネットワークの設計 ▶ P.170

09 安定した電源の確保

　コンピューターやネットワーク機器をトラブルなく稼働させるためには、安定した良質な電源を確保することが欠かせません。機器の稼働中に突然電源が途絶えてしまう停電はもちろん、それ以外の電源の質についても気を配りたいものです。**電源について起こり得る主なトラブル**には、以下の 5 種類があります。

(1) **停電** —— 文字どおり電力供給が停まることです。ルーターやスイッチなどでは動作停止以上の問題は通常起きませんが、コンピューターや NAS（ネットワークに直接接続するハードディスク装置）などは、書き込んだデータが消える、ファイルシステムが壊れる、起動しなくなるなど、深刻な被害を受ける恐れがあります。

(2) **瞬断** —— 数百マイクロ秒〜数ミリ秒程度の短い時間、商用電源が途切れる現象です。電力系統の切り替え工事などで発生します。これも機器の誤動作やコンピューター故障の原因になります。

(3) **電圧降下** —— 商用電源は常に 100V だと考えがちですが、実際は一定範囲で変動しており、所在地によっても通常時の電圧が違います。建物内の同じ配電系統に大電流が急激に流れる機器（大型のモーター類や空調など）があると、機器起動時に、一瞬電圧が下がることもあります。電圧降下は機器の誤動作を引き起こす要因になります。

(4) **ノイズ** —— 外部からのエネルギーが電力線に混入し発生します。原因には、強いノイズを出す産業用機器や雷などがあります。これも機器の誤動作を引き起こす原因になります。

(5) **スパイクやサージ** —— 数ナノ秒から数ミリ秒程度の短時間に異常な高電圧がかかる現象です。短いものをスパイク、長めのものをサージと呼びます。原因は、雷や大電力を消費する機器の急停止などです。スパイクやサージは機器内電子回路の破壊や記録データの消滅など、深刻な被害を起こす恐れがあります。

　電源トラブルへの対策としては、ノイズフィルタやサージプロテクタを備えた電源タップを使用したり、UPS（無停電電源装置：商用電源が途絶えたら一定時間バッテリーから AC100V を供給する装置）を導入するといったことが考えられます。

プラス 1 　UPS にはノイズフィルタやサージプロテクタを内蔵するものもあります。

● 考えられる電源トラブル

(1) 停電 ………………… 電力供給が途絶える
(2) 瞬断 ………………… 電力供給が一瞬途切れる
(3) 電圧降下 …………… 電圧が下がる
(4) ノイズ ……………… 外部の強いノイズが電源に混入する
(5) スパイク・サージ …… 短時間の異常電圧が現れる

● 商用電源の電圧は変動している

コンセントの電圧はいつも一定の100Vではありません。電力会社の供給電圧は通常、一定範囲で緩やかに変動しており、そこに建物内の電気使用状況による変動が加わります

【ある個人宅の1週間の変動例】

項目	電圧 [v]
最大値	108.2
最小値	102.0
平均値	105.8

● 雷などが原因のスパイクやサージには要注意

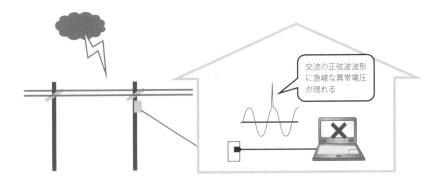

交流の正弦波波形に急峻な異常電圧が現れる

● ノイズフィルタやサージプロテクタを内蔵するUPSもある

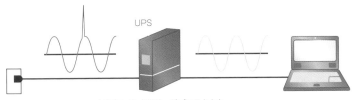

UPS

ノイズフィルタやサージプロテクタを
内蔵するUPSならリスクを減らせる

関連
用語　ネットワークのバックアップ ▶ P.194

7

ネットワークの構築と運用

10 ネットワークの冗長化

　LAN ケーブルの断線やトラブルなどに備えて、LAN がつながるルートを二重にするというアイデアを考える人がいるかもしれません。しかし、単純に LAN の接続ルートを複数作ると、ブロードキャストフレームが LAN の中を永遠に回り続ける**ブロードキャストストーム**が発生し、ネットワークがダウンしてしまいます。例えば右の図では、スイッチ 1 とスイッチ 3 には直接つながるルートと、スイッチ 2 を介してつながるルートがあり、ループ（輪）になっています。この状態で、スイッチ 1 にARP などのブロードキャストを使うパケットが届いたとします。ブロードキャストを受け取ると、スイッチはそれを受信ポート以外の全てのポートにそのまま送り出します。この動作を各スイッチが行うと、**ループの部分をブロードキャストフレームが永遠に回り続ける異常状態**が発生してしまう（この場合は 2 方向）ことがわかります。このような状態をブロードキャストストームと呼びます。ブロードキャストストームが発生すると、これがネットワーク帯域を消費し尽くしてしまい通信が困難になるほか、大量のブロードキャストを受信したコンピューターは、その処理にかかりきりになり、コンピューターの負荷も上昇してしまいます。

■ ブロードキャストストームを回避するには

　しかし、ネットワークの信頼性を上げるためには、冗長化は有効なアプローチの 1つです。そこで、複数のルートを作っても、ブロードキャストストームが発生しない方法が考え出されました。それが**スパニングツリープロトコル**（STP：Spanning Tree Protocol）です。STP を使用すると、スイッチがループの生じるポートを無効にしてくれて、これによりブロードキャストストームを防ぎます。もし使用しているルートが故障した場合は、無効にしたポートを有効にして、そちらのルートを使って通信を再開します。STP の他に、よりたやすい管理で冗長構成を作れる**スイッチのスタッキング**もよく使われます。これは、複数のスイッチをスタック（積み上げ）して 1 台のスイッチのように見せ、それぞれからのケーブルを子スイッチにつなぎ、両方を束ねて使用するものです。この構成ではループが生じないため、STP が不要で、かつ、ネットワークの冗長化ができます。

プラス **1** ブロードキャストストームはスイッチ同士でループを形成した場合に発生し、ルーター同士では発生しません。なぜならルーターはブロードキャストを転送しないからです。

● ブロードキャストストームとは

ブロードキャストが止まらなくなってネットワークやコンピューターに異常な高負荷をもたらす現象を、ブロードキャストストームと呼びます。

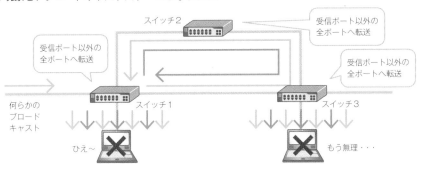

● スパニングツリープロトコルがブロードキャストストームを防ぐイメージ

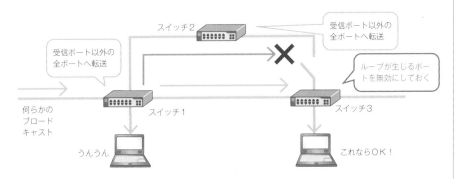

● スイッチのスタック構成

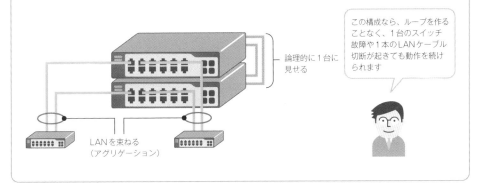

7

ネットワークの構築と運用

関連
用語　ブロードキャスト ▶ P.66　L2 スイッチ ▶ P.100

11 ネットワークの監視

ネットワークが正常に動作しているかどうか見張ることを、**ネットワーク監視**と呼びます。監視の方法には、大きく分けて、機器が自分を監視する方法と、外部から機器やネットワークを監視する方法の2つがあります。前者の監視は機器の機能に依存するため、ここでは後者について説明します。

■ 死活監視と状態監視

外部から機器を監視する時、よく用いられるのが「**死活監視**」と「**状態監視**」です。

死活監視は、対象機器に PING（正確には ICMP ECHO 要求）を送り、それを受け取った機器が送り返す応答を確認することで、機器が動作しているとみなす監視方法です。この監視方法は、サーバーやネットワークの監視によく使われます。PINGの応答がなかった場合、対象機器か、経路のネットワークか、どちらかに問題があります。どちらの問題か確認する方法としては、同じ経路でたどり着ける別の機器も同時に監視する方法があります。もし、片方の機器からだけ PING の応答が得られたら、ネットワークは正常に機能していて、機器に問題があるといった推測が可能です。

一方の**状態監視**は、対象機器が内部に持っている統計情報を読み出して、その値から機器の正常性を確認したり、異常を見つけ出す方法です。死活監視が単に「動いている／動いていない」だけを見るのに対して、状態監視は「機器の負荷率が一定値を超えた」「ネットワークの混雑度が基準を突破した」など、機器の動作に着目して監視することができます。ただし、監視の仕組みは複雑になります。

■ SNMP と監視システム

状態監視での統計情報を読み出す手段には、SNMP(Simple Network Management Protocol) が多く使われます。SNMP での情報読み出しには、定期的に外部から情報を読み出すポーリングと、機器が自律的に情報を送り出すトラップの2種類があり、目的に応じて使い分けます。なお、死活監視、状態監視以外に、専用の監視エージェントなども使い、ネットワーク全体を緻密に監視するソフトウェアもあります。Linux で動作する Zabbix、Nagios などはその一例です。

プラス1 PING には対象までの往復所要時間を測る機能があります。その値の変化を継続的に見ることで、途中ネットワークの混み具合、経路の変化などを推測することができます。

● よく使われる監視の種類

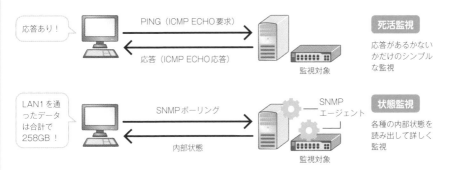

PING（ICMP ECHO要求）
応答あり！
応答（ICMP ECHO応答）
監視対象

死活監視
応答があるかない
かだけのシンプル
な監視

LAN1を通
ったデータ
は合計で
258GB！

SNMPポーリング
SNMP
エージェント
内部状態
監視対象

状態監視
各種の内部状態を
読み出して詳しく
監視

7
ネットワークの構築と運用

● 死活監視で機器故障かネットワーク故障かを見分ける方法

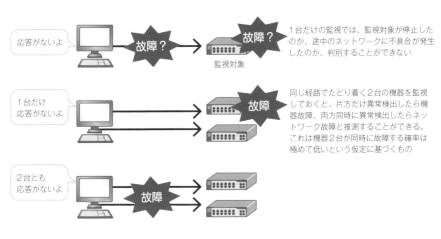

応答がないよ
故障？
故障？
監視対象

1台だけの監視では、監視対象が停止した
のか、途中のネットワークに不具合が発生
したのか、判別することができない

1台だけ
応答がないよ
故障

同じ経路でたどり着く2台の機器を監視
しておくと、片方だけ異常検出したら機
器故障、両方同時に異常検出したらネッ
トワーク故障と推測することができる。
これは機器2台が同時に故障する確率は
極めて低いという仮定に基づくもの

2台とも
応答がないよ
故障

● SNMPはポーリングとトラップで状態情報をやりとりする

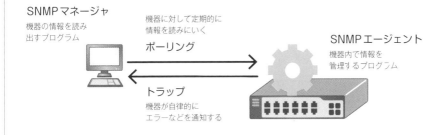

SNMPマネージャ
機器の情報を読み
出すプログラム

機器に対して定期的に
情報を読みにいく
ポーリング

SNMPエージェント
機器内で情報を
管理するプログラム

トラップ
機器が自律的に
エラーなどを通知する

12 トラブルシューティング

　ネットワークの動作には多くの要素が関与していて、そのいずれに不具合があっても、「使えない」「動作がおかしい」といった症状が現れます。そのため、症状だけ見て原因を特定するのは至難の業です。「サーバーに接続できない。ネットワークがおかしい」という申告１つとっても、その原因には、サーバーの不具合、ルーターの不具合、LAN ケーブルの不具合、人間の誤操作など、様々な理由が考えられます。そこで、トラブル発生時には「**切り分け**」を行います。切り分けとは、「不具合が発生した時、正常に動いている部分と不具合のある部分の境界を明確にして、その境界を少しずつ移動させながら、**不具合のある箇所を絞り込んで特定すること**」を指します。ネットワークのトラブルに対しては、まず切り分けを行って原因箇所を特定し、それから原因に対する対処を行う、という手順が一般的に用いられます。

■ ping コマンドを使った到達性に関する切り分け

　ping コマンドは、あるコンピューターから IP アドレスを持つネットワーク機器やサーバーに対して ICMP ECHO パケットを送り、相手がそれに対して応答を返すかどうかを調べるコマンドです。Linux や Windows など、多くの OS に同じ名前のコマンドがあります。PING の応答があるということは、LAN ケーブル、スイッチ、ルーター、ルーティングなどが正常であることを意味します。レイヤーでいうならネットワーク層まで正常に機能していると考えられます。ping コマンドを使って、通信相手とのルート上にある各機器に順次 PING を送り、どの機器まで応答があるかを見ることで、正常な部分と不具合のある部分の境界を調べることができます。

■ dig や nslookup コマンドを使った名前解決の可否の切り分け

　ドメイン名で指定された相手と通信する時は、まずドメイン名を IP アドレスに変換する名前解決を行い、その後、相手との通信を始めます。この一連の動作が、どこまで正常に進んでいるか確かめることもまた、切り分けの１つです。例えば「相手と通信できない」という症状が現れたら、まず dig コマンドや nslookup コマンドで名前解決の正常性を確認し、それが正常なら、次に相手までの到達性を確認します。

● 切り分けにより原因箇所を特定する

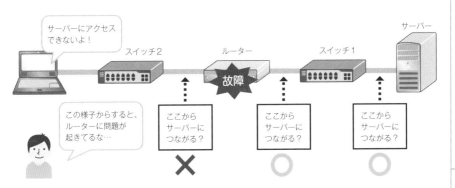

● pingコマンドを使うと到達性の観点から切り分けができる

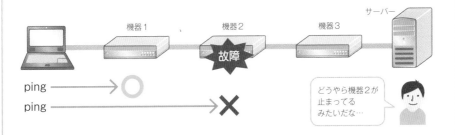

● 一連の動作がどこまで正常か切り分けを行うこともある

例えばWebブラウザからWebサーバーへのアクセスがうまくいかない場合は……

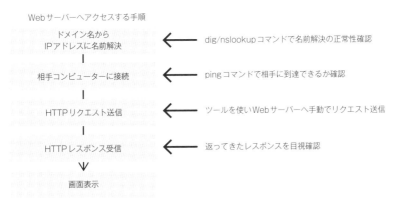

Webサーバーへアクセスする手順

ドメイン名から IPアドレスに名前解決	←	dig/nslookupコマンドで名前解決の正常性確認
相手コンピューターに接続	←	pingコマンドで相手に到達できるか確認
HTTPリクエスト送信	←	ツールを使いWebサーバーへ手動でリクエスト送信
HTTPレスポンス受信	←	返ってきたレスポンスを目視確認
画面表示		

7

ネットワークの構築と運用

モバイル接続を用いたネットワークの バックアップ

インターネット接続やイントラネット接続に使用する WAN 回線について も、その故障に備えて二重化することができます。しかし、これを本格的にや ろうとすると、かなり手間やコストがかかるため、最低限の接続手段がほしい ケースでは、躊躇してしまうこともあるでしょう。そのような場合には、モバ イル接続を使ったネットワークのバックアップを検討するのも 1 つの方法です。 機種にもよりますが、ルーターに「主たる WAN 回線が途切れた時にモバイル 接続を使って通信を代替確保する」機能があれば、それを使って比較的簡単に バックアップできます。

高速通信が可能なモバイル通信方式には、従来から使われてきた 4G(規格上 の下り最高速度 1Gbps 程度)や近年サービスが始まった 5G(同 10Gbps 程度) があります。その拠点で行う通信の特性や目的にもよりますが、5G を利用可 能なエリアであればなるべく 5G を使うほうが快適です。ただし実際の通信速 度は、モバイル回線を使用する場所の通信環境で変わり、またそれは規格上の 最高速度を大きく下回るのが普通です。モバイル回線は光回線に比べて、速度 の変動幅が大きい、料金が高い、下り(網→端末)は速いが上り(端末→網) は遅いといった特性があり、それを理解して使うことが肝要になります。一般 的に、通信量が多い本社などの主回線のバックアップや、上りの通信が多くな る公開サーバーのバックアップには向きません。典型的な使用例としては、支 店や営業所から本社やインターネットにアクセスする回線のバックアップなど が考えられます。

なお、モバイル回線によるバックアップは、平時の WAN 回線の故障対策と して行う他に、大地震や自然災害などで通信サービスが混乱した時など、非常 時の通信手段を確保する目的にも使われます。この場合、発生しうる緊急事態 の状況は多岐にわたることから、必ず平時と同じように通信機能を発揮できると は言い切れません。しかし、主回線と違う媒体やルートを準備して、多様性を確 保しておくことは通信が途絶するリスクを軽減することにつながります。

付録 セキュリティとメーカー および サービスの情報

セキュリティに関する有用な情報源

使用するネットワーク機器やソフトウェアにセキュリティ上の弱点（脆弱性）が発覚していないかどうかを常に把握しておくことは、ネットワーク管理者やシステム管理者の仕事の1つです。ひとたび弱点が見つかったら、速やかにそれを修復する、または、影響を最小限に抑えるための対策を取り、安全な状態を保ちます。多くの場合、この対策は機器のファームウェア更新やソフトウェア更新で完了しますが、状況によっては、対象機能を一時的に止めるなどの対処を要することもあります。こうしたセキュリティ情報は、ほぼ毎日、様々なネットワーク機器やソフトウェアについて発表されています。そのため、何らかの方法でその情報を集めて、その中から自分にとって必要な情報を抽出する必要があります。次の表に示すものは有用なセキュリティ情報を数多く提供していますので活用するとよいでしょう。

団体・サービス名	URL	使い方
一般社団法人 JPCERT コーディネーション センター（JPCERT/CC）	https://www.jpcert.or.jp/	セキュリティ関連情報を幅広く提供する。トップ→情報を受け取る→メーリングリストと進み自分のメールアドレスを登録するとセキュリティ情報をメールで受け取れる
Japan Vulnerability Notes	https://jvn.jp/	キーワードや製品名などからセキュリティ情報を検索できる。トップ→ JVN iPedia 脆弱性対策情報データベースと進み検索する
内閣サイバーセキュリティ センター	https://www.nisc.go.jp/	サイバーセキュリティに関する政府動向や新着情報がわかる。トップ→新着情報へと進むと一覧表示される

▌主要なネットワーク機器メーカー

家庭やオフィス向けの製品を供給する代表的なネットワーク機器メーカーの URL は次のとおりです。

企業名	URL
株式会社アイ・オー・データ機器	https://www.iodata.jp/
アライドテレシス株式会社	https://www.allied-telesis.co.jp/
NEC プラットフォームズ株式会社	https://www.necplatforms.co.jp/
エレコム株式会社	https://www.elecom.co.jp/
サンワサプライ株式会社	https://www.sanwa.co.jp/
シスコシステムズ合同会社	https://www.cisco.com/jp
ネットギアジャパン合同会社	https://www.netgear.com/jp/
株式会社バッファロー	https://www.buffalo.jp/
プラネックスコミュニケーションズ株式会社	https://www.planex.co.jp/
ヤマハ株式会社	https://jp.yamaha.com/

※ 50 音順

▌主要なドメイン名登録サービス

ドメイン名の利用登録ができる代表的なサービスの URL は次のとおりです。この他、レンタルサーバー事業者などもドメイン名登録サービスを行っています。

サービス名	URL
お名前 .com	https://www.onamae.com/
JPDirect	https://jpdirect.jp/
スタードメイン	https://www.star-domain.jp/
名づけてねっと	https://www.nadukete.net/
バリュードメイン	https://www.value-domain.com/
ムームードメイン	https://muumuu-domain.com/

※ 50 音順

INDEX

著者紹介

福永 勇二（ふくなが ゆうじ）

大手電話会社の研究所を経て1994年に独立。以来、インターネットおよびその周辺で、システム開発、ネットワーク構築、コンサルテーションに携わる。

■ **本書のサポートページ**

https://isbn2.sbcr.jp/17677/

本書をお読みいただいたご感想を上記URL からお寄せください。
本書に関するサポート情報やお問い合わせ受付フォームも掲載しておりますので、あわせてご利用ください。

イラスト図解式
この一冊で全部わかるネットワークの基本 第2版

2023年 3月27日　　初版第1刷発行
2024年 7月10日　　初版第4刷発行

著　　者 ……………… 有限会社インタラクティブリサーチ　福永 勇二
発行者 ……………… 出井 貴完
発行所 ……………… SBクリエイティブ株式会社
　　　　　　　　　　〒105-0001 東京都港区虎ノ門2-2-1
　　　　　　　　　　https://www.sbcr.jp/
印　　刷 ……………… 株式会社シナノ

カバーデザイン ……… 米倉 英弘（株式会社 細山田デザイン事務所）
イラスト……………… 深澤 彩友美
制　　作 ……………… クニメディア株式会社
編　　集 ……………… 友保 健太

Printed in Japan　ISBN978-4-8156-1767-7